放下欲望 就能幸福

Fangxia Yuwang

JIUNENG XINGFU

王晓静 编著

图书在版编目（CIP）数据

放下欲望就能幸福 / 王晓静编著.--北京：海潮出版社，2012.12

ISBN 978-7-5157-0219-3

Ⅰ.①放… Ⅱ.①王… Ⅲ.①幸福—通俗读物 Ⅳ.①B82-49

中国版本图书馆CIP数据核字（2012）第192168号

书　　名：放下欲望就能幸福

作　　者：王晓静
责任编辑：雷　婷　张　慧
封面设计：红十月设计室
责任印务：徐云霞
出版发行：海潮出版社
社　　址：北京市西三环中路19号
邮政编码：100841
电　　话：（010）66969738（发行）　66969736（编辑）　66969746（邮购）
经　　销：全国新华书店
印刷装订：晨旭印务有限公司
开　　本：710mm × 1000mm　1/16
印　　张：18
字　　数：236千字
版　　次：2012年12月第1版
印　　次：2012年12月第1次印刷
ISBN 978-7-5157-0219-3
定　　价：35.80元

前言

对于幸福，不同的人生阶段有不同的答案，小时候，幸福是一件东西或一件物品，拥有就幸福，如小孩从他父母亲那得到一颗糖果或一件新衣服，会感到无比的幸福；长大后，幸福是一个目标，达到了就幸福；成熟后，发现幸福原来是一种心态，领悟了就幸福。

对于幸福，不同的人也有不同的答案，有人会认为，拥有至高无上的权力，呼风唤雨便是幸福；有人会认为，给我用之不尽的财富，每天过着挥金如土、纸醉金迷的生活就是幸福；有人认为，金钱和权势并非幸福的源泉，家庭的和睦才是真正的幸福；有人认为，努力拼搏获得事业的成功，人生才充满幸福感。无论从哪种角度来看，归根究底，幸福只是人们内心深处的满足感。

与幸福相对就是欲望。欲望可以很简单地归结为：想要——得到——想要！当你渴望住上新房，最后如愿以偿地乔迁新居时；当你苦追的女孩终于和你喜结连理时；当你一直觊觎经理的位置而"荣登宝座"时。这便是欲望感带来的幸福。

人们之所以有欲望是与人类的进步密不可分的。自古以来就有了"七情六欲"的说法，《吕氏春秋》里最早提到的"六欲"是指由"生、死、耳、目、口、鼻"所产生的欲望。现代人又将其归纳为"求生欲、求知欲、表达欲、表现欲、舒适欲、情感欲"。从某种意义讲，欲望与幸福并不矛盾，欲望便是生理和心理的所求，例如，想要生命更长的延续，才有了医学的进步这种幸福感；想要生活得更为舒适，我们的衣、食、住、行才会不断地提升；可见，欲望是人类进步的推动力。没有了欲望，世界也将变成一潭死水，停滞不前。

但欲望与幸福该如何权衡呢？ 形象地说，欲望与幸福就像跷跷板，欲望在一头，幸福在另一头，一头高，另一头必然低，平衡的机会很少，但我们希望幸福的那一头偏低，即重一些。

合理的欲望是我们前进的动力，是我们幸福的保障；膨胀的不合理的欲望，是我们幸福的终结，是痛苦的深渊。物极必反、水满则溢。凡事都应该掌握一定的度量。

或许，在很多人根深蒂固的观念里，只有金钱才能缔造快乐，只有金钱才能带来幸福。所以“理所当然”要有吃有喝，“理所当然”要有房有车，“理 由当然”身边要围绕着朋友。于是，开始不满足，食物要升级、房子要升级、朋友也必须升级。然而，醒悟时才发现，这一切并非理所当然。

欲望是人的本能，让我们用心来引导这种生命的本能，让合理的欲望成为我们前进的动力，成功的保障，幸福的基石；不现实的不合理的欲望，我们要学会批判，学会节制，学会剔除；要用正确的人生观来引导自已，减少自己不合理的欲望，如此一来，我们就能真正地把握人生的幸福。托尔斯泰曾经说过：“欲望越少，人生就越幸福。”

本书从“放下欲望，就能幸福”这个主题展开，用最通俗、最朴素的语言。

通过生活中心灵励志的小故事，多层次、多角度地揭示欲望与幸福关系，并帮助读者克服各种不良的欲望，引导和保持合理的欲望，以开启幸福的 生活。

同时，本书打破以往此类图书的写作习惯，用一种轻松的口吻来对话幸福的含义，可以从头至尾一口气地读完，也可以选择自己喜欢的章节鉴赏和朗读。不管哪种方式，读起来，就像两个多年未见的老友时空对话那般悠然自得。

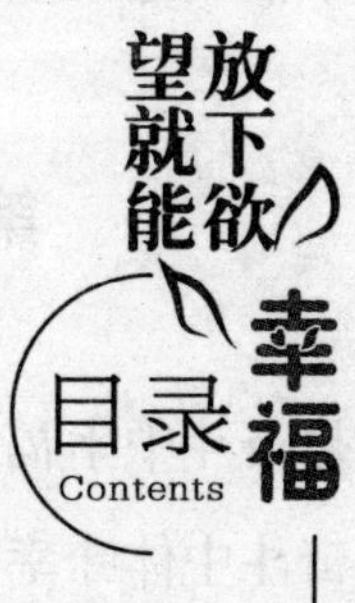

第一章　重拾童年 回味纯真的幸福

第二章　设定欲望的底线 珍惜已有的幸福

第三章 选择奋斗 收获甘甜的幸福

第四章 揭开虚伪的面纱 体会真诚的幸福

第五章 走出抱怨 感悟内心的幸福

第六章　控制贪婪 把握现实的幸福

第七章　抛开名利 享受坦然的幸福

第八章　勇于放弃 抓住面前的幸福

第九章　懂得宽容 把握身边的幸福

第十章　善于付出 追逐感激的幸福

第十一章　学会豁达 憧憬喜悦的幸福

第十二章　拥有自信 开启未来的幸福

第十三章　点燃热情 唤醒沉睡的幸福

第十四章　种下善良 创造最美的幸福

第十五章　权衡取舍 获取超然的幸福

第十六章　卸下欲望的枷锁 感悟幸福的真谛

第一章 重拾童年 回味纯真的幸福

心理欲望得到满足时的状态，一种持续时间较长的对生活的满足和感到生活有巨大乐趣并自然而然地希望持续久远的愉快心情，这就是幸福。

多少人曾经拥有单纯的幸福，那时候没有激烈的争斗，没有功名的追逐，没有无穷无尽的欲望；却能倾听发自内心的欢声笑语，品尝自然流露的甘甜，感受和风细雨般的清爽。但这一切，却被我们渐渐成长的心灵所取代。对幸福的憧憬是每个人梦寐以求的夙愿，而五彩缤纷的欲望之 心却又逐渐吞噬我们的灵魂。当我们身处欲望的泥泞，才依稀记起那曾经失去的童年，回忆起那单纯的美好时光，感受到那纯真的幸福。于是，我们开始寻找这一片消逝的“少年乐土”。

儿时的幸福总是那么朴实

孩提时，我们总是在不经意间露出爽朗的笑容。这种笑容是发自内心的开怀，从不为了应付某个场合或是某个人，也不须用笑容来掩饰心中的苦楚；孩提时，我们总是能够尽情地放声哭泣。每次哭泣都是那样的淋漓尽致，从不害怕别人的嘲笑和不满，也无须用“坚硬”的外表来盖住泪水的流淌。

孩提时，笑是幸福的体现，哭是不高兴的表现。所以，只要是笑，那一定是好事，一定是开心；如果哭就一定是坏事，一定不开心。长大了就未必是这样，有时心情低落或者明明不如意时，却要强颜欢笑，或许你会言之凿凿地说:“这是工作需要！”其实就是因为欲望的驱使，想要得到太多，只能让心屈服于现实的枷锁。

是啊，长大了，我们就忘记了忠于内心的想法，忘记了开怀的笑容，忘记了透彻的哭泣。难道长大了就该让自己变得陌生，陌生得连自己都不认识了吗？这是无尽的欲望在捉弄你。甚至,你已经变得颠倒黑白，颠倒了自己的幸福观。

但回想童年，那时的幸福是那么的简单，那么的朴实。曾记否，儿时所得的每一个物品，小到从家人那得到一颗糖，大至从父母那得到一件新衣服时，那种满足感都是发自内心的，是纯真的。

笔者访问过一位事业颇为成功的企业家。当被问及是否对目前的生活满意时，企业家说了这样一个故事：小的时候，父母如果给我一毛钱，那简直就是一笔巨大的财富。我可以用这笔钱去买糖，去看电影，去买连环画等等。而且每次吃糖或者买书时都特别的开心，这种开心是从内而外无可替代的。那时候很懂得知足，一毛钱带给我的快乐就足够令我兴奋好一阵。虽然在当时一毛钱的购买力和现在是无法比拟的，但当时的心情现在却花多少钱也买不到。

企业家继续说，现在赚的钱多了，但怎么也找不回当时的感觉。我记得第一次赚到一万块钱时，总想着买点什么来犒劳自己。可走到商店里看见琳琅满目的商品就发愁，这些产品会不会马上更新换代？现在买了是不是会不划算？这一万块钱就这么花了吗？我是不是该留着去扩展生意，让一万变十万，十万变百万等等。当时我以为可能是赚的钱太少所以才有这些犹豫，但现在看来，这和钱多钱少并没有直接的关系，因为虽然我现在的钱多了，同样需要考虑更多的问题。所以想要找回小时候那种满足和兴奋感已经成了一种奢望。

其实不然，只是企业家的心情复杂了，影响幸福感的元素多了一些，如果能放下一些，如放下欲望，幸福就会多一些，或许还能回到童年时代的感受。

企业家的困惑同样也存在很多人身上。他们不断的追求着所谓的美好生活，却忘记了真正的幸福是要与自己分享的。为什么小时候的一毛钱可以买到令自己满足的快乐，而成年后的一万块钱却只能买回一份焦虑与失落？并不是说当时一毛钱的购买力远远胜于现在一万块钱，而是心境的截然不同让人们失去了寻找幸福的方向。

当欲望很少时，便很容易得到期待的幸福；当欲望无穷无尽时，我们追逐的却是无限的空洞，永远无法到达幸福的彼岸。儿时的欲望极易满足，所以我们每次都能享受满足的充实感。笑和哭也同样如此，虽然这只是情感的宣泄，但儿时那随心所欲的发泄却能令心情发挥到极致，没有了那些附加条件，一切都是毫无杂念的真情流露。所以说，一次次的笑与哭，都能令我们如此的舒服。但当你因为某种目的、某种欲望去刻意掩盖那一刻的情感所需时，一切就只能变得空虚和无助。

寻找儿时的幸福感，就是寻找一份知足与珍惜。是否能够拥有幸福，大多时候就是一道选择题。懂得知足和珍惜，幸福感便极易冲击着你的感官神经；而放纵着欲望，一切天真和快乐，只能随着时间的推移慢慢消逝。为什么总是有人感叹说："唉，小时候我们多么的幸福！"难道是小时候的物质条件比现在好么？难道是小时候比现在自由么？难道是小时候的生活比现在精彩么？不是！是因为小时候的心境比现在豁达，比现在真实，比现在容易满足和珍惜得到的一切，比现在少了一些欲望，多了一份知足！

简单就是幸福

子曰："一箪食，一瓢饮，在陋巷，人不堪其忧，回也不改其乐。贤哉回也！"孔子说："颜回吃的是一小筐饭，喝的是一瓢水，住在穷陋的小房中，别人都受不了这种贫苦，颜回，却仍然不改变向道的乐趣。贤德啊，颜回！"这是两千多年前颜回对"简单就是幸福"的最好诠释。

在一个简陋的环境中，没有抱怨，坦然面对，乐在其中，这就是幸福，要快乐地过每一天，因为怎么过都是一天，为什么不快快乐乐呢？

幸福，不需要苦苦追寻，这种简单而又近在咫尺的感觉，不必翻山越岭、刨根问底般的探索，也不必呕心沥血般的经营；当我们在苦痛的感叹中轻轻顿足，一丝清风拂过脸颊，原来幸福一直在我们身边，从未远去。

从前在一个部落的草原里，某天，一位疲惫的商人路过，看到一群羊，羊群中有一位天真无邪的少年，商人好奇地走近少年并问："娃娃，你在干吗呢？""我在放羊哪。"娃娃头也不抬地答道。商人继续问："放羊干吗？""赚钱。""赚钱干吗？""娶媳妇啊。""娶媳妇干吗？""生娃娃啊。""生娃又干吗呢？""放羊。"这是有趣的对话，也是羊娃娃的生活轨迹，正是这种简单的生活轨迹造就了他的幸福。而这时的商人可能内心酸楚，百味交集，永远都在追逐、探索，却忘记了幸福的本质，永远地活在追求幸福的路途中，而留给自己的仅仅是辛劳和苦楚。

真正的幸福，的确来得那么自然，也那么的真实。不正就是放下欲望，经过一点一滴的欣慰、快乐堆积而成的吗？世间的一切我们可以努力追求，但将心彻底的掏空，也许当你事业有成时却发现自己变得麻林不仁时，还能感受到幸福吗？

合理的欲望是我们前进的动力，是我们幸福的保障，但是不要成为欲望的奴隶。曾经有这样一个故事：

一天，一个神情沮丧的小伙子无奈地倚靠在公园的石凳上，目光呆滞地看着一群老年人在慢悠悠地打太极拳。小伙子感叹道："唉，现在的老人多幸福啊！"

坐在他旁边的，正是一个头发雪白的老人。老人听到小伙子的感慨便问道："年轻人，你难道不幸福吗？"

小伙子愁眉苦脸地说："别提了，我的生活简直一团糟。今天在公司竞争一个主管的职位，我落败了；家里的房子还是十年前的，原本想这次竞选成功便可以去购置一套新大房子，现在只能望楼兴叹了。最糟糕的是，我每天都为了这个家在努力拼搏，但我的妻子却一点都不理解我的苦心，老是因为我不能回家吃饭而和我吵架。"

老人微笑着问道："那么你认为怎么样你才能幸福快乐呢？"

小伙子眼神里充满了憧憬，他指着远处一座高楼说："要是能够搬进那栋大厦我就心满意足了。"

老人摇摇头，很淡然地说道："这个愿望我没有能力帮你实现，但我现在有一种办法让你感到快乐幸福，你愿意尝试吗？"

小伙子用十分质疑的目光打量着老人说："您，真的有办法吗？"

老人说："你现在去花店买一束鲜花，然后回家吃饭。"

小伙子说："就这样吗？"

老人轻轻地点点头，起身说道："就看你愿不愿意尝试了。"说完便转身离去。

小伙子目送着老人远去的身影，心想着：这叫什么办法，我还以为会教我一套赚大钱的秘籍呢。于是他闷闷不乐地离开了公园。天色渐渐暗淡，小伙子在回家的路上经过一家花店。他虽然不太相信老人的话，却神差鬼使的走进去。他随便选了一束雪白的百合便回家了。

回到家里，妻子看见他捧着一束百合便很兴奋地说："这是送给我的吗？"小伙子点点头。妻子开心地在他脸颊上吻了一下说："我去做饭。"饭菜很快做好了，夫妻俩静静地坐着吃饭。妻子不时的闻闻百合的香味，脸上洋溢着甜蜜的微笑。小伙子突然觉得有些内疚，便说："对不起，我当主管的事泡汤了，我们住不了大房子。"妻子却说："住在这里不好吗？只要你经常回家陪我吃饭这就够了。"小伙子顿时觉得心头暖暖的，嘴角不知何时也露出了自然的微笑。他这才意识到，原来自己活在幸福之中。

幸福，是一种感觉，一种让我们快乐、温暖、感动的感觉。幸福并不需要那些在物质上的满足才能艰难的得到，有时候仅仅是在一念之间。你会发现，幸福就这么简单。

幸福需要感受

在商品经济的社会里，有些人将物作为第一追求，却忘了自我存在的意义。幸福是内心的感知，是个人心灵的明澈，幸福是有精神的躯体找到个体存在的意义。幸福需要感受：

知足

俗话说“知足者常乐”，但能知足的人越来越少了，有了房子想换更大的，有了工作想换更好的，有了钱想赚得更多……这些欲望，指使着人无休止地奔波劳碌，硬撑着去争取登上那“辉煌”的顶峰。

信念的力量

在经过 20 多年冲刺般的财富赛跑后，一些人除了赚钱，不知道人生中的目标与追求到底是什么，甚至不知道自己究竟想要什么。这种缺乏信念与理想的状态，难以产生长久、快乐的幸福感。

善于发现阳光面

生活中有许多积极的、好的方面，但许多人却忽略了它们，“只看到自己的不幸，忽略了自己的幸福”、“放大了别人的幸福，缩小了自己的快乐”是其真实写照。

一些媒体为了吸引眼球，也对生活中的负面事件大肆宣传报道。

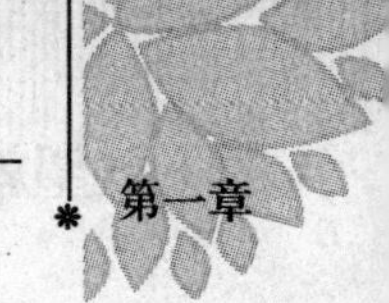

虽然在一定程度上满足了人们的好奇心，但同时也削弱了人们的积极心态。

不要攀比

现代人把主要精力都投入到竞争中，比职位、比房子、比财富……比来比去，人们的心里只剩下欲望，没有了幸福。一旦人追求的不是如何幸福，而是怎么比别人幸福时，幸福也就离你远去了。

乐于奉献

曾有一项研究显示，在生活中多去帮助他人，能让自己感到更快乐。但现代社会中，乐于无私奉献的人越来越少，斤斤计较的人越来越多。如果你总算计着“我能从中得到什么”、“做这件事值不值得”，就会生活得很痛苦。

相互信任

社会虽然通讯高度发达，但人们的心灵却渐渐疏远了。

你是否也有过这样的体验。或许，我们根本不会去在意，更不会将它和幸福画上等号。当我们身体的本能得到满足时，我们不会去感恩这是上天赐予我们的恩惠，却理所当然地认为这就是我们应该拥有的一切。现代的社会我们的确不缺少基本的物质条件，所以就不会去珍惜那些看似简单易得的东西。

如果你告诉他，能拥有这些朴实的食物也是一种幸福，他必定会十分诧异地反问道：“这是吗？ ”幸福总是隐藏得很深，只有还有感恩之心的人才会发现它。想想那些贫弱战乱的国度里，即使人们同样付出辛勤的劳动，但能够和你一样有安稳的生活和美味的果实吗？

曾经听过一个关于沙漠探宝的故事：

一队人在沙漠的腹地由于沙尘暴的侵蚀，丢失了干粮和水。就在他们被毒辣的烈日烘烤得濒临死亡时，真主却突然出现在他们面前。这些人万分的欣喜，本以为就要葬身在浩瀚的沙漠中遇到了这般神奇的事。

他们祈求真主赐予食物和水，真主却说："可以给你们，但是要有一个条件。"

其中一个壮汉说："至高无上的真主，虽然我以前不是你的信徒，但只要你救救我们，我保证以后会死心塌地的信奉你，并且每日都焚香祷告。"

真主摇头说："是否信奉我是你的自由，但我要你们离开沙漠，并且永远不再踏足此地寸步。"

虽然即将面对死亡的威胁，但听到这个消息时所有人都有些犹豫。终于，队长说："好吧，只要您挽救我们的生命，我们愿意不再踏足此地。"

真主微微一笑，变化出水和食物便消失了。众人顾不得许多，疯狂地灌下清水。劫后余生，大家终于恢复了生命的希望。队长说："既然我们答应了真主，就应该实现诺言，我们回去吧。”

壮汉却说：“现在就离开？我们千辛万苦来到这地方是为了什么？是宝藏，如果不能寻得宝藏，我们怎么可能得到想要的一切？”

队长说：“我们不已经重获新生了吗？如果继续走下去，难免万劫不复！”

壮汉非常不屑地说：“你是说这些水和食物就叫重获新生吗？不对，难道你忘了我们此行的目的？我要拥有无穷的财富，我要世人都知道我的存在。而且只有这样我才能过上向往的美好生活。既然真主能救我们，说明我们已经获得真主的庇佑，我必须走下去。”

队长很失望地说：“既然如此，那我们就此别过吧。”队长带着愿意和他离去的人拿着很少的水和食物离去了。而壮汉和另外一些痴迷宝藏的人却不顾一切地向沙漠更深处进发。领队一行人艰难地走出了沙漠，而壮汉却再也没有走出来。或许他找到了所谓的宝藏，但他却永远地留在那里再也没有走出来。

也许你会说，壮汉的不幸是因为他没有遵守诺言从而受到了真主的惩罚。其实，真正惩罚他的不是真主，而他无穷无尽的欲望和贪婪。事实上，很多人在无形中正在扮演壮汉的角色。他们因为不懂得感恩，不懂得适可而止，反而只是跟随欲望的脚步永无止境的走向深渊。

沙漠中的水和食物本身就是一笔巨大的财富，因为生命永远不可替代。但关键在于你是否能发现和感受“及时雨”带来的美好。就像一杯毫不起眼却又舒适无比的柠檬茶，虽然平淡，却是最为真实的享受。享受不一定要在豪华的宫殿，拥有呼风唤雨的权力，有时满足你生活最基本的需求，也是幸福的源泉。

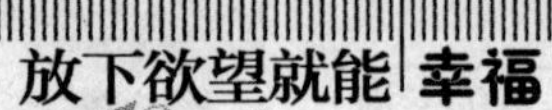

幸福不需要拥有一切

我们每天辛苦的工作究竟是为了什么？除了生存，当然也希望能够享受生活。享受爱情的甜蜜，享受儿孙满堂的膝下之欢，享受垂涎欲滴的美食，享受闲暇时的沙滩和阳光……世界上的一切，仿佛就是为了人们的享受而存在的。无论是从感官还是舒适感都越来越人性化的室内设计，还是快捷的交通，清晰的电视，高速的网络或者丰富的生活资源，这一切似乎都在传达着一个信息：只要你有足够的经济实力，就能满足你一切的需求。

而正是现代社会时时刻刻在传达着这种信息，人们才发疯似的拼命赚钱，有些甚至愿意为此放弃人性的善良，从而沦为盲目的拜金者。诱惑和欲望像极了一对孪生兄弟，他们共同推动着人们走进迷茫的世界。

不可否认的是，这是一个极其矛盾的观点。一方面，人们因此才会进步，人类的科技得到发展、生活也极大的改善；另一方面，人类却为此极为疯狂。为了满足无穷的欲望享受，而不惜打破大自然亿万年的生存规律，将自然资源毫不留情的挖掘和破坏。但有许多人虽然掌握着财富和资源，但他们的内心却感到孤寂和空虚。

曾经听过一个关于心灵救赎的故事：

阿李是一位私人管家，他的工作就是为当地十分有钱的一家富商打理日常生活。虽然阿李表面十分顺从和温和，但每天都看着主人家极尽奢侈的生活，不免也心生嫉妒。有一次，富商很晚才回到家里，阿李并没有休息，而是吩咐厨房为主人烹制着食物。他留意到，主人在用餐时,一直都将一只大黑皮箱子留在身边不离片刻。阿李突然意识到：这是钱！

因为按照他主人的习惯，在和别人进行交易时，总是喜欢让对方支付现金。然后清点一遍再存入银行。而今天，估计是时间太晚，所以他主人才将这笔钱带回家来。突然间,阿李的脑海里闪现出一丝的邪念。他仿佛看到自己也住在豪华的大房子里正吩咐着佣人为他准备晚餐..

主人用餐后便早早进房休息了。阿李却久久不能入眠，他心跳得越来越厉害。终于，阿李抵御不住欲望的侵蚀，心中一横便偷偷地潜入主人的卧室偷走了那只大黑皮箱子..

阿李得手后十分害怕，他找到了一个当地专门从事帮人潜逃的黑帮分子，在付了一笔钱后成功的逃到了国外。阿李本以为只要利用这笔钱就可以过上好日子，可以重新娶个漂亮的妻子。但他发现在国外的生活甚至比坐牢还要煎熬。虽然拥有足够衣食无忧的财富，但却对生活失去了信心。阿李终日躲在屋子里不敢和人接触,生怕有人认出他；一到晚上，他更疯狂地思念妻子和一岁大的女儿。阿李就在惶惶不可终日的折磨下度过了一年的时光。终于，他实在无法忍受这种心灵的折磨，毅然决定回国接受应得的制裁。

监狱中，妻子带着女儿来看他。阿李忏悔地说道："请你原谅我，我被罪恶的欲望带到了地狱。以前总以为要过上锦衣玉食的生活才是毕生的追求，为此我还出卖了自己的良心。但现在我才醒悟，原来那时的生活是多么美好，有你和女儿才是我最大的幸福！"

生活本身并没有错，任何人都不愿意每日奔波劳碌。但是人之所以和动物有所分别，就因为有着自己的道德底线。当冲破底线换来的物质享受，某种程度上却是人生的负资产。在现实的诱惑下，许多人将幸福的概念同物质的享受混为一谈。不仅不珍惜当下的美好，反而一度的窥视不属于自己的繁华。

其实幸福生活并不需要拥有一切，关键就在于如何去感悟生命中的种种美好。物质的追求就像一个无底洞永远无法填满，将内心全部付诸未知的追求而忽视了身边的幸福是十分荒唐和非理性的做法。给自己的内心留一片纯净的世界吧，这样我们才能用心去感受已经拥有的幸福。

“傻”得幸福

在国人的智慧宝库里，“大智若愚”就是相当高明的境界。所谓“智”，便是能明白万事万物的自然规律和法则。当然，也包括对人有非常清晰的认识。但水满则溢，月满则盈，任何事情若是没有界线的无限利用下去，显然是对智慧的亵渎，更是十分不理智的做法。

我们经常听到一句话：傻有傻福。这并不是说只有智商低下才能获得幸福，而是不过分的计较某些事情便能为自己减少些许烦恼。有些人明知道人家在占你便宜，却因为无伤大雅便装作毫不知情，其实在某种程度上是对自己的一种保护。夫妻之间，朋友之间，同事之间不正是如此？对事情的斤斤计较，看似是为自己赢得了利益和颜面，却为此埋下了一颗“定时炸弹”。也许在下一次，你的一个过失会被对方死死抓住，尽管只是一个小小的过错。那么，你会想为什么他就是不肯放过我？同样，你是否也思考过，当时做这道选择题的人正是自己。人与人之间的相处，贵乎相知与体谅。比如夫妻之间的争吵，如若你一定要抓住对方的痛脚而纠缠不休，一定要争出个子丑寅卯，实则便是两败俱伤，在你获得小小的快感时，却伤害了夫妻之间的感情，得不偿失。

看过一个妃子的故事：

年迈的国王有四个妃子，表面上看来都十分温顺。国王感到自己时日无多，一方面他考虑到年幼的王子继承王位后需要一位王妃来辅助；另一方面他又害怕她们会因为他的离世而乱政。无奈之下，他只好请教王国里一位德高望重的智者。智者听完后说道："有德者留之。"便教予国王一个十分简单的方法来试探王妃们。

国王回到王宫，便召集四个王妃到他的寝宫来。王妃们恭恭敬敬地站在一旁听候国王的指示，而国王却命人拿出一个托盘，上面摆放着四枚极为精致的发簪。四枚发簪里有三枚镶有钻石，相比之下，只有一枚显得平平无奇。

国王对四个妃子说："这四枚发簪是赐予你们的。"说完便示意侍者将托盘端到四位王妃面前。王妃们见此物金光闪闪必定是稀世珍宝，早已垂涎欲滴。但因为只有三枚镶有宝石，生怕落于人后，此时她们更顾不上王妃的身份而快速地将心仪的发簪一把抓去，却只有一位王妃慢条斯理的拿着最后一枚无人问津的普通发簪。

国王见状便问道："为什么你不抢那三枚最耀眼的发簪？"

王妃说："这些发簪都是陛下赐予的，对我来说意义都一样。而且在王宫里带好看的发簪也是给陛下看的，有没有宝石没有区别。既然三位姐姐都这么喜欢，那我为何不成人之美呢？"

众人都知道，第四位

王妃是最受国王宠爱的，如果她也去抢，相信其余三位并不敢与她争。而她却用如此豁达之心来面对，令在场所有的侍者都钦佩不已。而国王更是直接地说："三枚镶有宝石的发簪是陪葬品，拿到发簪的三位王妃在我死后必须随我而去。"三位王妃听完立即昏死过去。

常言道：吃亏是福，而不过分计较得失更是良好的品德。也许在前三位王妃的心目中，甘愿落后实在愚不可及。但事实证明，往往心胸大度的人更容易得到幸福的眷顾。

"傻"看似将会失去所求，却为幸福的生活铺垫了一条通达之路。"难得糊涂"正是如此，对于某些事情不过分计较，用一种平实、淡然的心态去面对它。"糊涂"中隐藏着理智的光辉，这才是人生智慧的精妙之处。在失去的背后，得到的却是快乐和尊崇。

接受瑕疵，体验幸福

在一次古董的拍卖会上，一件稀世珍宝被一位收藏家以极高的价格拍下。收藏家身边的朋友说："唉，可惜了，这件古董有一丝裂痕，否则就更加完美了！"收藏家却说："这个世界上有什么是绝对完美的？我喜欢这个古董，也喜欢这丝裂痕。每个瑕疵就代表着一段故事，有故事的古董才具有收藏价值。"

生活其实也一样，每个人都想珍藏一段完美无缺的美好记忆。可真正懂得生活的人才明白，只有遗憾的缺失才能永远被人深深的记住。

完美主义者总是十分高要求的对待每一件事。从某种角度上说，这是令事情做得更加出色的动力；但另一方面，却也是危险的信号。不懂得回味美好和痛苦的并存，就像一个幻想主义者，永远只能被自己所束缚，无法体会生活的惊喜。

彼得是美国职业橄榄球队员，他曾经效力过许多球队，并且每次都能神奇地带领球队取得傲人的成绩。在他退役的晚宴上，一位记者问道："彼得先生，在你的职业生涯中曾经取得多次辉煌的战绩，但有没有什么令你感到遗憾的？"

彼得谈笑风生地说："当然有。"

记者饶有兴致地问道："那你是否为此而自责呢？"

彼得知道这位记者实际上是有备而来，因为很多人都知道他当年在洛杉矶球队服役时，曾经在关键时刻的失误而使球队与联赛冠军失之交臂。虽然这件事过去了很久，但每次谈及他时都会被球迷津津乐道。彼得却十分大度地说：“你想说的是我在洛杉矶球队的那个赛季的事吗？虽然每次被问及此事时我都刻意回避，那是因为经纪人考虑到我的形象而为我设计的策略。但现在我退役了，说说也无妨。其实在当时我的确有些自责，但这件事对我的影响并没有大家猜想的那么严重。虽然这是第一次重大失误，可哪个运动员的一生又是完美无缺的呢？如果有一天我得了老年痴呆症，那么我想唯一记得的便是那次特殊的经历。因为这样我的人生才真正完美了。”

记者又问：“你是说你把这次失误当成一次美好的回忆吗？”

彼得想了想说：“也不能算是美好的回忆吧，毕竟这事让我懊恼了好一阵子。但却是最难忘的记忆。”沉默片刻，彼得又补充道：“现在每次回忆起来，我非但不会懊恼，反而认为这是丰富我人生的一剂添加剂！”

追求完美的人是对生活态度的极致要求，也是对成功欲的极致体现。我们渴望成功、渴望成功带来的满足感是人与生俱来的品质。但任何事情都有度的衡量，一味地追求完美，追求胜利的步伐，便很容易忘记胜利背后真正的含义。

终究人无完人，金无足赤。当我们因为一次过错而令事情产生瑕疵时，需要提醒自己：瑕疵也是一种美。我们可以为自己总结，让下一次不再出现同样的错误。但不应该为此而感到万分纠结，以至于沉迷其中不可自拔。与其痛苦的为追求完美的欲望所牵累，不如改变墨守成规的想法，接受瑕疵的存在。把瑕疵当作一种另类的幸福体验。

多一点童心，多一点纯真

时间在我们渴望长大中似乎过得很慢，而在我们成年后的回首中又过得太快。假如有人问人生何时最快乐，恐怕绝大多数人都会说是童年。记忆深处的童年里，捉迷藏、放风筝、修房子、踢毽子、扔沙包、跳橡皮筋、过家家、堆沙堡……五彩斑斓，绚烂夺目，充满了欢笑和阳光。

就像郑智化在《水手》中唱的那样：长大以后，为了理想而努力。我们的心中逐渐有了理想，有了诱惑，开始忙忙碌碌，心事也多了起来。

相比大人来说，儿童可说是最懂得享受人生的专家了。有一天，年轻的妈妈问 8 岁的女儿："孩子，你快乐吗？"

"我很快乐，妈妈。"女儿回答。

"我看你天天都很快乐"。

"对，我经常都是快乐的。"

"是什么使你感觉那么快乐呢？"妈妈追问。

"我也不知道为什么，我只觉得很高兴、很快乐。"

"一定是有什么事物才使你高兴的吧？"妈妈锲而不舍。

"……让我想想……"女儿想了一会儿，说："我的伙伴们使我幸福，我喜欢他们;学校使我幸福，我喜欢上学，我喜欢我的老师。还有，我喜欢上公园。我爱爷爷奶奶，我也爱爸爸和妈妈，因为爸妈在我生病时关心我，而且对我很亲切。"

这便是一个 8 岁的小女孩幸福的原因。这是具有极单纯形态的幸福，而人们所谓的生活幸福亦莫不与这些因素息息相关。

有人曾问一群儿童“最幸福的是什么？”，结果男孩子们的回答包括：自由飞翔的大雁、清澈的湖水、跑得飞快的列车……而女孩子们的回答则是：倒映在河上的街灯、烟囱中冉冉升起的烟、红色的天鹅绒、从云间透出光亮的月儿……

看，童心是如此纯真、如此容易得到满足！我们也曾经那样的快乐与幸福，只是被岁月砂轮的磨砺，使我们失去了天真烂漫的本性，失去了那份纯真无邪的童心，或许这就是我们不快乐的重要原因。

我们还能够找回失去的童心吗？能的！找回童心，也不是多么复杂的事情。古人云：“童子者，人之初也；童心者，心之初也。夫心之初岂可失也！”我们若能鄙尘弃俗，息虑忘机，回归本心，便就是找回了童真、童趣与童心。这样，多一点童心，就会多一点单纯；多一点幻想，就会多一点浪漫；多一点潇洒，就会多一点属于你自己的幸福。

第二章 设定欲望的底线 珍惜已有的幸福

有一句话是，无欲无求，以求得心灵的平静。

可是人就是因为有喜怒哀乐的情感，有痛苦，才能感受到痛苦过后的喜悦或者平静，人或许活着很累，但是也有快乐的时候。酸甜苦辣才构成了人生。

每个人都有欲望，但并不是每个人的欲望都能得到满足。“求不得”只能带给我们痛苦。所以要设定欲望的底线，珍惜我们已有的幸福。不要扼杀人的欲望，而要利用人的欲望。让切实的“欲望”，化作我们追求幸福的动力。

幸福的秘密

但凡是人都有欲望，这是不可否认的。不管你是穷人也好，富人也好，低贱抑或高贵，人终归还是有欲望的。穷人渴望获得财富、房子车子等，富人渴望获得健康、长寿以及快乐等。可以说，欲望是人的天性，概莫能外。

美国著名的心理学家马斯洛认为：人作为一个有机整体，具有多种动机和需要，包括生理需要、安全需要、社交需要（包含爱与被爱）、自尊需要和自我实现需要。其中自我实现的需要是超越性的，追求真、善、美，将最终导向完美人格的塑造。

从人的各种需求这点来说，欲望只是一种本性。合理的欲望，是我们前进的动力，最终让我们收获幸福；而不合理的欲望，只能让我们陷入无法自拔的泥潭，给我们带来的只能是无奈、痛苦、彷徨，甚至是自暴自弃。换句话说，当欲望在我们的能力范围之内时，我们就能够收获渴望的幸福；当欲望超出我们的能力范围时，我们就会被贪婪的枷锁牢牢锁住，离幸福只能越来越远。

有一个年轻人，大学毕业后成功地进入了一家世界五百强的企业，第一个月他就拉到了一张大单，创造了这个企业新人业务史无前例的记录。大笔的奖金，恋人的称赞，同事的羡慕，上司的夸奖，赞美之声开始充斥在他的耳旁，这突如其来的成就感让他飘飘然了。

此后的一年中，他彻底被金钱和虚荣俘获了，成了欲望的奴隶，终日奔波在工作中，为了拉单甚至是不择手段，与同事之间的矛盾也开始凸现出来。在公司，他目空一切，人际关系越来越紧张，由于他忘乎所以地追求金钱与名望，与恋人相处的时间也越来越少，两人的关系也出现了裂痕。

然而，他对这一切只是漠然视之，强烈的成功欲望让他舍弃了很多东西。一次，他犯了一个意外的错误，而这是公司所不允许的。同事的举报，让他彻底落进了深渊。最终，公司领导层做出了一个决定，公司决定扫他出门。

这一沉重的打击，彻底击败了他。他生病了，躺在病床上，开始回忆自己一年多的工作与生活。突然，他发现，自己在一年多的时间失去了很多，盲目地以为金钱越多幸福就会越多，然而，他自己都记不清有多长时间没有陪父母了，有多久没有和恋人谈心了，有多久没有在球场上纵横驰骋了。

一朝醒悟，悔恨就在眼前。他先后给父母、恋人、朋友打了电话，熟悉的声音，亲切的问候，他才恍然明白，原来金钱并不能买来幸福，无尽的欲望只能让他离幸福越来越远。

我们每个人都有欲望，但是，并不是所有的欲望都能够变成现实，一个人若想让自己幸福，不是增加自己的财富，而是要降低自己的欲望。当我们降低了欲望，才会发现，原来，幸福其实唾手可得。

在生活中，我们每个人都渴望得到幸福。那么，到底什么是幸福呢？对很多人来说，由于个人欲望的影响，他们往往忽略了自己原本已经拥有的幸福。其实，在日出日落的更替中，幸福可以说是无处不在：清晨出门，耳边回荡着亲人的叮咛，你的内心充满道之不尽的爱和希望，此刻，你就是幸福的；伴着黄昏的余晖，和爱人携手漫步在都市闪烁的霓虹灯下，脸上满是无限幸福的笑意，此时，你就是幸福的。

歌德曾经说过："人之所以幸福，是因为他的心灵感到幸福。"幸福是一种自我感觉，一种源自内心深处的平和与协调，一个人幸福与否，过得好与不好最终都得回归自我，都得听从心灵的声音。

某一天，上帝以及天使们在天堂里召开了一个特别的会议。上帝说："我要人类在付出一番努力之后才能找到幸福，我们把人类幸福的秘密藏在什么地方比较好呢？"

其中的一个天使说："我觉得应该把它藏在高山上，这样一来，人类肯定就不会发现了，一定要让他们付出很大的努力。"

上帝听了后摇摇头。

又有一位天使说："那就把它藏在大海深处吧，人们一定发现不了。"

上帝听了还是摇摇头。

这时，又有一位天使发言了："依我看呀，还是把幸福的秘密藏在人类的心中比较好，因为人们总是向外去寻找自己的幸福，而从来没有人会想到在自己身上挖掘这幸福的秘密。"

上帝对这个答案非常满意。

从此，幸福的秘密就藏在了每个人的心中。

是的，幸福的秘密就在我们每个人的心中，好好利用幸福的资源，感受每一天，每一刻的幸福吧。

合理的欲望是幸福之源

欲望与幸福就像跷跷板，欲望在一头，幸福在另一头，一头高，另一头必然低，平衡的机会很少，但我们希望欲望一头偏高，即轻一些；幸福的那一头偏低，即重一些。

合理的欲望是我们前进的动力，是我们幸福的保障；膨胀的不合理的欲望，是我们幸福的终结，是痛苦的深渊。物极必反、水满则溢。凡事都应该掌握一定的度量。

但如果欲望过度了,则可能的幸福就变成了痛苦。而欲望太多的人，则无法体会到幸福的感觉。每个人都有欲望，但是，并不是每个人的欲望都可以成为现实。“一山望着一山高”、“得陇望蜀”，有的人的欲望是无限的，实现了这样的欲望，还有那样的欲望，而且他的欲望一个比一个不切实际，这必然会成为其痛苦的根源。

这个世界是欲望和规矩的世界，欲望是人改造世界也改造自己的根本动力，从而也是人类进化、社会发展与历史进步的根本动力。如果把世界看作一辆车，那么欲望是发动机，规矩是制动器。如果把欲望看作一棵树，那么规矩是园丁；只是有的园丁将它修理得美观环保，有的园丁却把它连根拔起，而大多数则把它弄得面目全非。

南非的沙比亚丛林，至今还生活着相当原始的西布罗族人。他们的捕猎方法很简单，没有猎枪，甚至也没有弓箭，就是让动物们自己跑到他们的陷阱里。

西布罗族人运来许多胶泥，在丛林的湿地上铺成一亩大小的胶泥地，再在上面放一只鸡或者一只野兔，然后他们开始等待。凡是吃肉的动物，只要走进丛林，便会被兔子或鸡吸引，一步步走入泥沼，越挣扎越深。陷入被动的动物又会引来更大的动物。几天之后，泥沼地里就会被许多猎物点缀。这时，西布罗族人抬来木板，铺在胶泥上，将猎物收入囊中，轻而易举，祖祖辈辈不变。

同样，居住在大西洋撒拉丁小岛上的丁尼族人与西布罗族人有着惊人的相似。

他们也过着一种较为原始的生活，只是他们捕猎的方法不是用胶泥，而是学蜘蛛，用一张张细细密密的粘网。他们把粘网挂在树上，鸟、猴子及树上的爬行动物便都会自投罗网。

如今世界上的许多诱骗，许多陷阱，还都是古老的、原始的，但却经久不衰。

人类走到今天，早已步入了科学的时代，几乎所有的领域都被改进。但说来奇怪，当人们面临一个个简单的骗局时，依然还会上当。在这一点上，人类并没有进步。

人们只要有欲望，就不可能破解那些陷阱，包括那些最原始古老的陷阱。

有一位国王，手握天下权。这样，他应该满足了吧？但是，事实上他自己也想不明白：为什么对自己的生活还不满意？尽管他也有意识地参加一些有意思的晚宴和聚会，但都无济于事，总觉得缺点儿什么。

有一天早上，国王决定在王宫中四处转转。当国王路过御膳房的时候，他听到有人在快乐地哼着小曲。循着声音，国王看到是一个厨子在唱歌，脸上洋溢着幸福和快乐。国王甚是奇怪，他问厨子为什么如此快乐？厨子答道："陛下，我虽然只不过是个厨子，但我一直尽我所能让我的妻小快乐，我们所需不多，头顶有间草屋，肚里不缺暖食，便够了。我的妻子和孩子是我的精神支柱，而我带回家哪怕一件小东西都能让他们满足。我之所以天天如此快乐，是因为我的家人天天都快乐。”

听到这里，国王让厨子先退下，然后向宰相咨询此事，宰相答道：“陛下，我相信这个厨子还没有成为99族奴。”

国王诧异地问道：“99族奴？什么是99族奴？”

宰相答道：“陛下，想确切地知道什么是99族奴，请您先在一个包里，放进去99枚金币，然后把这个包放在那个厨子的家门口，您很快就会明白什么是99族奴了。”国王按照宰相所言，令人将装了99枚金币的布包放在了那个快乐的厨子门前。

厨子回家的时候发现了门前的布包，好奇心让他将包拿到房间里，当他打开包，先是惊诧，然后狂喜：金币！全是金币！这么多的金币！厨子将包里的金币全部倒在桌上，开始查点金币，99枚？厨子认为不应该是这个数，于是他数了一遍又一遍，的确是99枚。他开始纳闷：没理由只有99枚啊？没有人会只装99枚啊？那么那一枚金币哪里去了？厨子开始寻找，他找遍了整个房间，又找遍了整个院子，直到筋疲力尽，他才彻底绝望了，心中沮丧到了极点。

他决定从明天起，加倍努力工作，早日挣回一枚金币，以使他的财富达到100枚金币。由于晚上找金币太辛苦，第二天早上他起来得有点晚，情绪也极坏，对妻子和孩子大吼大叫，责怪他们没有及时叫醒他，影响了他早日挣到一枚金币这一宏伟目标的实现。他匆匆来到御膳房，不再像往日那样兴高采烈，既不哼小曲也不吹口哨了，只是埋头拼命地干活，一点也没有注意到国王正悄悄地观察着他。

国王看到厨子心绪变化如此巨大，大为不解，为什么他得到那么多的金币而不是欣喜若狂呢？他再次询问宰相。宰相答道："陛下，这个厨子现在已经正式加入 99 族奴了。99 族奴是这样一类人：他们拥有很多，但从来不会满足，于是拼命工作，为了额外的那个'1'，他们苦苦努力，渴望尽早实现'100'。原本生活中那么多值得高兴和满足的事情，因为忽然出现了凑足 100 的可能性，一切都被打破了，他竭力去追求那个并无实质意义的'1'，不惜付出失去快乐的代价，这就是 99 族奴。"

现实生活中，很多人不就是这样吗？当事业蒸蒸日上，财富与日俱增之时，他是比以前更快乐了，还是正相反呢？金钱只能保证生活必需品的满足，却不能保证虚荣心极度膨胀所追求的那种虚幻的快乐。所以，在努力实现欲望之前，一定要首先想明白一个道理：自己到底追求的是什么？然后再享受追求和得到的快乐。

超过限度的欲望是痛苦的根源。人不能拥有心爱之物就会难过，人没有足够多的金钱就会烦恼，人如果不能让自己外表有魅力就会很苦闷……为什么会这样？当我们无法得到自己想要的东西时，就会倍感不幸？为什么我们必须要得到我们所要的？这是我们的权利吗？可世上有那么多人未曾得到他们自己所需要的东西啊！合理的需求、合理的欲望才是我们幸福之源。

克制过分的欲望，知足就幸福

知足常乐，顾名思义，就是对幸福的追求持一种极易满足的态度。

我国古代哲人们认为，人的痛苦根源不是在于贫困而在于欲望。欲望、追求满足不了便产生了痛苦；一种欲望满足之后很快便有了新的更进一步的追求，总是不满足，总有痛苦。

其实，人生真正的快乐在过程中，而不是在最后的结果上。

“希望所有‘希望’，都要实现，而实现了的‘希望’总是变味的”，是哲学上的表述；《茶馆》里秦二爷说“有牙的时候没有花生豆，有花生豆时又没牙了”，是艺术性的演绎。

但他们都说明一个道理：人生的各个阶段都有遗憾，奋斗的结果也许不像期待的那样美好。所以，我们应当珍惜过程，珍惜眼前的东西，珍惜已有的幸福。

我们的所见所闻，所从所事，困难、压力、烦恼都是客观存在的，问题就在于怎样看待它。忙碌也好，繁杂也罢，不以为苦，甘之如饴，这是快乐的源泉。

孩子们在为谁而玩

一群孩子在一位作家门前嬉闹，叫声连天。几天过去，作家难以忍受。

于是，作家出来对孩子们说：“我很喜欢看你们玩，如果你们每天来这里玩，我给你们每人每天 20 美分。”

孩子们很高兴，第二天仍然来了，一如既往地嬉闹。作家再出来，给了每个孩子 10 美分。他解释说，自己没有了稿费，只能少给一些。10 美分也还可以吧，孩子仍然兴高采烈地走了。

第三天，作家只给了每个孩子 5 美分。

孩子们勃然大怒，“一天才 5 美分，知不知道我们多辛苦！”他们向作家发誓，他们再也不会为他玩了！

在这个寓言中，作家的算计很简单，他将孩子们的“为自己快乐而玩”变成了“为得到美分而玩”，而他操纵着“金钱”这个外在的欲望，所以也操纵了孩子们的行为。

知足，是一种处世态度，幸福是一种幽幽释然的情怀，唯有知足，方能幸福。

知足，贵在调节，可以从纷纭世事中解放出来，独享个人妙趣融融的空间。

知足，对事，坦然面对，欣然接受；对情，琴瑟和鸣，相濡以沫；对物，能透过下里巴人的作品，品出阳春白雪的高雅。

做到知足，人生会多一份从容，多一份达观，多一份幸福。

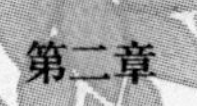

驾驭欲望，幸福源于感悟

人的欲望是无限的，而幸福是什么？其实，我们都知道，幸福是看不见，摸不着的，说到底，幸福就是一种心灵的感觉，是一种人生的感悟。或许，很多人可能觉得幸福很容易获得，其实，我们不妨看看周围，又有多少人可以说自己是幸福的？这就是人的欲望在作祟了。

不妨先看一个现代寓言。

有一位先生，搬花瓶去晒太阳时，不小心打掉了花托盘。于是去市场买新的，导购小姐给他推荐一个纯金的托盘，他觉得没有什么不妥，于是就买了。但是，导购小姐趁机导引，既然托盘是纯金的，放花的茶几就应该是红木的；既然放花的茶几都是红木的，那么其他家具，比如床、梳妆台和餐桌等，都应该配套成高贵的红木……就这样，一件又一件，换到最后，这位先生把房子和太太全换了。

当然，这只是一个寓言故事。有句话说得好：没吃饱，人只有一个烦恼；吃饱了，人就有无数个烦恼。

最初，人的欲望可以说是小而卑微、合乎实际的，但是，随着外界的不断诱惑、旁人的劝说以及周围的衬对……诸多因素，这些就像是打气筒里的气，把那个名叫欲望的胎，一点点撑大了，鼓鼓的，让人看着感觉饱胀。于是，人就有了无数个烦恼。

俗话说："针大的洞，斗大的风。"用这来形容欲望，再恰当不过了。欲望是暗藏于内心里的一粒酵母，在灌满忌妒、虚荣和贪婪等的酱缸里，发酵变化，小小的一粒，一点点变大，大如斗，大如牛。

有一位行者到寺庙中拜谒在这里修行的禅师，希望得到禅师的指点，解开他心中的疑惑。

行者问道："禅师，人的欲望是什么？"

禅师看了一眼行者，说道："你先回去吧，明天中午的时候再来，记住不要吃饭，也不要喝水。"

尽管行者不明白禅师的用意，但是，还是一一照办了。第二天，他再次来到禅师面前。

"你现在是不是又渴又饿？"禅师问道。

"是的，我现在可以吃下一头牛，喝下一池水。"行者舔着干裂的嘴唇回答道。

禅师笑了笑："那你现在跟我来吧。"

二人走了很长一段路，来到了一片果林前。禅师递给行者一只硕大的口袋，说道："现在你可以到果林里尽情地采摘鲜美诱人的水果，但必须把它们带回寺庙才可以享用。"说罢转身离去。

太阳下山的时候，行者终于扛着满满的一袋水果，步履蹒跚、汗流浃背地回到了禅师面前。

"现在你可以享用这些美味了。"禅师说道。

行者迫不及待地伸手抓过两个很大的苹果，大口大口地咀嚼起来。顷刻间，两个苹果便被他狼吞虎咽地吃了个干净。行者抚摸着自己鼓胀的肚子疑惑地看着禅师。

"你现在还饿吗？还渴吗？"禅师问道。

"我现在什么也吃不下了。"

"那么这些你千辛万苦背回来却没有被你吃下去的水果又有什么用呢？"禅师指着那剩下的几乎是满满一袋的水果问。

顿时，行者恍然大悟。

其实，对我们来说也是一样，我们真正需要的不过是“两个苹果”充饥而已，而那些剩余的欲望，仅仅是没有任何用处的累赘罢了。

听过这样一个故事，有个地主去拜访一位部落首领，想从部落首领那里要块地。首领说，你从这儿向西走，做一个标记，只要你能在太阳落山之前走回来，从这儿到那个标记之间的地都是你的了。

太阳落山后，地主还没有回来，因为走得太远，他在路上累死了。

相信那个地主不会忘记，你必须在太阳落山之前赶回来的规定，或许，他不止一次地停住西行的脚步，准备往回返。但是，在这个时候，他想：再走几步吧，这样就能得到更多的土地，欲望一点一点地牵引着他越走越远。

相信很多人都会说地主贪婪，其实，这是很多人都无法拒绝的一个诱惑。人是有欲望的，正是人的欲望，让很多人不惜以身试险，因为很多人都无法拒绝欲望一点一点的诱惑。

总之，欲望是无止境的，我们不可能完成自己所有的欲望。既然完不成所有的欲望，我们就试着做一些力所能及的，体验过程和结果，这也是一种幸福。而幸福，本身就是能对欲望的驾驭，对过程的感悟，对结果的满意度。

少一点欲望，多一点幸福

在很多人看来，只有实现的“欲望”越多，幸福才越多。但是，事实并非如此。

幸福，并不是你拥有多少东西。过多的东西，反而会阻碍你走向幸福。因为人的欲望是很难得到满足的，拥有了一样东西，还会渴望拥有下一样，反复无穷。而想让自己多一份幸福感，只能是克制自己一些不必要的欲望，比如，现在房价飞涨，而你不满足于自己的小蜗居，明知道要花很多冤枉钱，但是还是狠下心来贷款买房，为自己平添很多烦恼，还做了冤大头，得不偿失，更不要说幸福感了。

黄强打算买辆新车，找了一个朋友陪他去车市选购。

黄强是工薪族，收入有限，所以给自己设了一道底线：包括上牌，买汽车不能超出六万元。黄强很早就看中了一款车，于是，带着朋友直接去4S店。迎面来的导购小姐，职业化的微笑、优雅的手势熟练地介绍这款车的性能、特点和价格，黄强一脸满意的样子。对他来说，这确实是一款不错的车，完全符合他的选择标准。

当对车了解得差不多的时候，黄强准备去签合同。但是，在黄强和朋友走到玻璃桌的当头，导购小姐一笑，看似不经意间说了一句：“其实，这辆车是前两年的老款了，最近公司推出了新款，外观更漂亮，设计更合理，价钱也就是多了几千块钱，您要是感兴趣可以看一看。”冲着这设计更合理，黄强有些心动了，价钱区别不大。

新款的外观，确实漂亮多了，黄强显然动心了，准备放弃老款，买新款车了。这个时候，导购小姐转而向黄强推荐别的系列，她说："其实，这一系列车的安全性稍弱一些，你不如考虑一下 ×× 系列的车，价格比您选中的这辆车只高出 6000 元。"

当黄强载着朋友坐上新车时，黄强自我解嘲道："没想到，我就这么一点点地掉进导购小姐设置的圈套里面了，原本只打算花 6 万买车，开回家的却是 12 万元。我房屋按揭刚刚还清，现在又得按揭汽车了。"

人的不满足，人的欲望，让本来可以接近的幸福走远了。就像故事中的黄强那样，他本来只想买 6 万的车，结果在欲望的不断诱惑下，居然买了 12 万的车。不得不说，过多的欲望，带给我们的是不满足，是不断降低的幸福指数。

一位女同事，买手机时总是挑最时尚的买。但没用几个月，市场上就出现了更流行的款式。她就接着买新的，把不用的手机拿到二手市场便宜卖掉。对时尚的追求令她欲罢不能，几年里换了很多手机。有一次她感慨万千地说，不断地换手机使她损失了上万元，但她现在用的手机还不是最新的款式。

一位朋友在结婚前买了一套新房，房子面积不大，只有 80 多平方米，装修也简单，没花多少钱。朋友说，对于他的收入来说，这样的面积和装修是合理的。如果买流行的 100 多平方米的房子并豪华装修，那在以后的几年里，他必须有节制地消费有计划地还房款，生活将不再从容。朋友说住进新房后他感到很幸福，他不会羡慕别人面积更大装修更漂亮的房子，更不会羡慕有钱人的豪华别墅。

朋友真是一个聪明人，他懂得对欲望说"不"。

这就是欲望，你别指望完全消除。我们能做的，就是尽力把它修剪得更美观。放任欲望，它就会像疯长的灌木，丑恶不堪。但是，经常修剪，它就能成为一道悦目的风景。

为幸福设定欲望的底线

既然人的欲望是无止境的，那么，我们就应该学会为欲望设定底线。只要严格遵守这个底线，我们就不会成为欲望的奴隶，相反，我们会因为实现自己的既定目标而感到幸福。痛苦和幸福，也仅仅是一念之差，一线之隔罢了。

有一个商人因为工作的缘故，每年都要去美国。在美国，他曾遇到一对夫妇，大儿子 12 岁生日，送给他一台割草机作礼物，儿子用它为邻居修剪草坪赚了 400 美元，他用这笔钱买了耐克公司的股票，不到 10 天就赚了 80 美元。9 岁的弟弟受他影响，用自己送报赚的钱买股票。这件事对这个商人有很大的启发，这个商人经过一番思考之后，决定对女儿进行财商教育。

国庆长假，这个商人带女儿去看画展，旁边展厅正举行拍卖会。商人灵机一动：拍卖场是最残酷也最锻炼人的地方，对手就在眼前，一锤定乾坤。没有过多时间思考，也没有回旋余地。于是，商人向女儿简单讲解一下竞拍规则，然后带她去参加。

女儿选了一位音乐家收藏的塔罗牌，她很崇拜那位音乐家。商人告诉女儿，这种塔罗牌正常售价 20 元，因为是收藏品，有感情和历史，你愿意为你的感情和它的历史多支付多少呢？女儿想了想，说愿意付 100 元。商人说那好，100 元加上原来售价 20 元，就是你的最高出价，也是底线，超过这个价格就要放弃它。

随着拍卖师槌响，竞拍开始了。女儿开始举牌。商人坐在女儿的旁边，看着女儿一副紧张的样子，生怕别人和她竞价。商人环视了一下周围，竞拍者还不少，而竞拍的对手并没因为她是孩子而放弃。已经加价到100元了，女儿有些负气，小声嘀咕了一句：糟了，快到了！

商人一听，坏了，这是拍卖中最忌讳的，把自己底牌亮出来了。商人用胳膊肘碰了女儿一下，女儿意识到自己说错话了，但已无力挽回。塔罗牌一路上涨，冲过120元底线，女儿还想举牌，商人却制止了女儿的行动。

走出拍卖厅，商人安慰情绪低落的女儿："你虽然没得到那副塔罗牌，但你今天学到的东西比这副牌更有价值。首先，人的欲望是无止境的，你今天学会为欲望设定底线，这很好，很多人失败就是没控制好底线，成了欲望的奴隶。其次，输不要紧，关键要知道输在什么地方。你今天犯了两个技术性错误，一是让对手看出自己经验不足；二是不该说那句话，把底牌亮给人家，这是商场大忌。其实，很多时候，竞争者水平不相上下，最终谁能获胜，取决于心态。拍卖会是一个浓缩的社会，参与者都是你的竞争对手，你要想办法战胜他们。"

女儿冲商人笑了笑，脸上依然还挂着失落的表情。商人问她，如果塔罗牌主人不是那位音乐家，你还会这么喜欢吗？她摇摇头，商人说，"你以前不是总问我，什么叫产品附加值？这就是。其实人也一样，你现在和班上同学站在同一起跑线，但十年后你们的位置就不一样了，你的社会地位，生活质量，取决于你的附加值——知识储备、工作经验和创新能力。其实这副塔罗牌，爸爸完全可以买下来，作为礼物送给你，但我希望你凭借自己的能力得到它。因为在这个过程中，你成长了，有收获，这是我今天送给你的最好礼物。”

诚如其然，每个人的欲望都是无限的，如果我们不为自己的欲望设定底线，我们就会成为欲望的奴隶，最终陷入不可自拔的深渊，与幸福擦肩而过。而只有为自己的欲望设定底线，并且严格遵守这个底线，我们才能保证我们的幸福指数，不让无尽的欲望毁了我们的幸福。

第三章 选择奋斗 收获甘甜的幸福

人活着的意义在于奋斗，在奋斗中，收获甘甜的幸福，感悟幸福的真谛！奋斗让我们的生活充满生机，责任让我们的生命充满意义，压力让我们变得更加坚强，梦想让我们变得魅力无限。原来，奋斗也是幸福的一种！

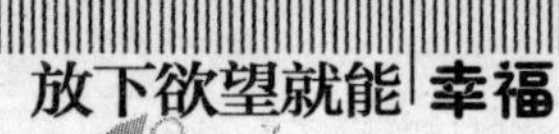

家是奋斗中幸福的港湾

俗话有说："成家立业。"就是先成了家再立业之意。知道自己想要什么，也就知道自己还缺什么，也就能在自己的奋斗中选择奔向目标的路。

华平两口子是外地人，两个人在外地上学相识、相知、相爱，又共同来到了一个陌生的北方城市。两个人都是媒体人，都有一份说出去别人有些羡慕的媒体工作和收入，可他们自己说，在外地打拼的困难和工作中的压力他们最清楚，最有发言权。

华平是一家报纸的编辑，每天都是下午五六点上班，半夜才能回到自己的家，而他媳妇则是另外一家媒体的记者，整天也是风里来雨里去，一般只有晚上才能回到家里，"我俩天天只能在梦里碰头了。"华平说，不管是记者还是编辑，都是脑力和体力的双重考验，社会地位倒是不低，就是工作压力大，每一天都像只陀螺一样不停地打转。

说是家，其实是他俩每年花 8000 多元租来的一套两居室的房子，这还不包括暖气费、物业费等各种杂七杂八的费用，这笔费用对他俩来讲还不算是很大的负担。但因为是租来的房子，所以两人不敢买太多的家具，一台新买的洗衣机和一台小冰箱是家里最新的"大件"。华平有一个漂亮乖巧的女儿，因为都是外地人，工作忙，孩子只能托付给外地的外婆照看。能够回家看看孩子，成了华平两口子闲暇时最大的愿望和喜悦。华平说，他们今年本来打算买套二手的小房子，无奈

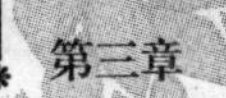

正赶上国家提高房贷首付，提高银行利息，两个人刚刚攒下的那点钱又不够付首付了，租房生活的日子还要继续下去。眼下最大的问题是，孩子马上到了上幼儿园的年纪了，可两人因为没有自己的房子，工作也是聘用制的，让孩子进一所正规的幼儿园还是个不小的难题。“我俩再努力一把，再从家里凑点钱，争取今年或明年正式安下个家。这样一家人才能算是正式的本城市人，才能算是有了一个真正幸福的小窝。”

美好的憧憬，温暖的情怀，不需要豪言壮语，不需要欲望无限，只需要默默地奋斗，执著的坚持。

26 岁的张明明，硕士研究生毕业，2010 年参加工作，是某钻井公司一名普通的钻井技术员。他一个人打拼，没有房子，没有车子，农民出身，也是典型的白领蚁族。

目前他的月工资加奖金是 3000 元，明明说：“这样一个数字乍听上去还不错，可目前房价、物价都在不断上涨，家里还有一对农村老人需要赡养，还有仍在读书的女友需要供给，别说买房买车了，就是这个月稍微多一点请客吃饭的次数，钱都显得有些紧张。”

“我们这份工作还是很有技术含量的，也很有前途，现在的工作这么难找，能够找到这样一份工作已经非常不容易了，自己感觉是满足的。所以

要在这个岗位上扎扎实实地工作，好好充实自己，锻炼自己。”明明说，虽然技术员不干什么体力活，可是人随井走的工作现状，让他没有固定的休息日，没有闲暇时间去看望远在家乡的父母，不能定时和女友见上一面。明明说他的愿望很简单，希望同样硕士研究生毕业的女友，今年能够在他工作的城市顺利找到工作，这样两个人就可以先租上套房子，然后举办一个风风光光的婚礼，好好经营自己的人生和事业。希望随着自己阅历的增长，自己的月收入能够达到5000元左右，到那时，再买上套100平方米的房子，“那不就很幸福了吗？”说这话时，张明明的眼睛亮了不少。

有了计划，就能为实现这个计划认真地做准备。准备越充分的人，时代给他的机会就越多。一生中，我们或许只需要一个机会，就能彻底改变自己的人生。华平、张明明就是在演绎着自己这样的人生。

在奋斗中体味幸福

柠檬很酸，还伴随着苦楚，却富含丰富的营养。人生就一个酸涩的柠檬，需要由你自己亲手将它榨成一杯酸酸甜甜，可口的柠檬汁，伴着榨汁时候需要经历的挤压，蹂躏，慢慢品味这个由酸变甜的过程。这需要你的勇气，而在人生路上，你一定要有这种克服被挤压、被蹂躏的酸涩过程，才能吸收到人生中最不可缺少的一种甘甜营养，那就是——幸福。

大多数年轻朋友羡慕的是李嘉诚现在的财富、名望和地位，而对李嘉诚经历过的苦难、逆境和挑战知之不多。李嘉诚在童年时，父亲因劳累过度不幸染上肺病，为了给父亲治病，一家的生活过得相当清贫，两顿稀粥，再加上母亲去集贸市场收集的菜叶子便是一天的粮食。父亲逝世后，14 岁的李嘉诚被迫离开学校用他稚嫩的肩膀，毅然挑起赡养慈母、抚育弟妹的重担。曾经一位年轻人向朋友介绍过李嘉诚先生苦难的童年时代，并问他愿意经历这样苦难的童年吗？这位朋友沉吟良久后说：“我担忧我无法经历这样的人生考验。”

李嘉诚说，他学到最价值连城的一课，是逆境和挑战只要能激发起生命的力度，我们的成就是可以超乎自己所想象的。

启蒙主义学者卢梭说过：“十岁被点心、二十岁被恋人、三十岁被快乐、四十岁被野心、五十岁给贪婪所俘虏。人，到什么时候才能只追求睿智呢？”李嘉诚说：“我要拒绝愚昧，要持恒地终生追求知识，经常保持好奇心和紧贴时势增长智慧，避免不学无术。在过去 70 多年，虽然我每天工作 12 小时，下班后我必定学习。”

“贫穷不一定是缺乏金钱，而是对希望及机遇憧憬破灭的挫败感。很多人害怕可上升的空间越来越窄，一辈子也无法冲破匮乏与弱势的局限。我理解这些恐惧，因我曾经一一身受。没有人愿意贫穷，但出路在哪里？”李嘉诚说。

的确，贫穷不一定是缺乏金钱，而心灵的贫穷更加可怕。李嘉诚成长的年代，香港社会艰苦，是残酷而悲凉的。那时候没有什么社会安全网，饥饿与疾病的恐惧是强烈迫人；求学的机会不是每一个人的权利，贫穷常常像一种无期徒刑。今天香港社会新的富足，为大部分人带来相对的缓冲保障，这是许多像李嘉诚那样的前辈胼手胝足、筚路蓝缕为香港社会奠定的基础。

李嘉诚坦白地对学生说：“我爱当我自己！”告诉学生，上天赋予每一个人独特生命的同时，也赋予每一个人热爱自己和塑造自己人生的责任。

虽然李嘉诚的人生似乎和平静挂不上什么关系，他永远都是在无止境地忙碌着，但是他曾经在一个访谈中这样说过：“人最重要的是内心的安静，表面看来很

忙，但内心其实没有波动，因为自知做着什么工作。”

1957 年，李嘉诚因为产品质量问题刚从“绝境”中走出来，便开始了他一系列别具新意的“转轨”行动。生产既便宜又逼真的塑胶花。这些塑胶花投放市场后，渐渐引起人们注意，“长江塑料厂”的名字也开始为人们所熟悉。商场如战场，长江塑胶厂的红火自然引起同行的忌妒，有人甚至宿意要搞垮长江厂。有一天，李嘉诚正在同几名技术工人将设计出来的塑胶花进行调色，寻找新的配方时，发现有人在厂门口拍照，要对长江塑胶厂作反面宣传。李嘉诚压抑住自己年轻气盛的狂躁情绪，平静地要工人们继续干活，不要被眼前的事情干扰。几天后，这些照片果然刊登在报纸上了，照片上的长江塑胶厂显得破旧不堪。拍照者的意图显而易见，就是要置长江塑胶厂于死地。李嘉诚很快让自己冷静下来，他决定将计就计，就让这些报纸给他作免费宣传。

他平静的应对这次事件，使得他日后的事业更上一层楼。不久之后，李嘉诚拿上报纸和公司的产品，走访了全香港上百家代理商，并坦诚地对他们说：“你们看，创业之初我们厂是够破的，我这个厂长也显得面容憔悴，衣冠不整，但请看看我们生产的塑胶花，有几款是我们自己设计，连欧美市场都见不到的产品。我们的质量可以证明一切，欢迎你们到我们厂里参观订购。”经销商们看着眼前这位诚实勇敢的年轻人，为他的敬业精神和灵敏的商业智慧所折服，很多人起初还有些怀疑，经过多方了解和到厂里参观后，他们很快被李嘉诚的创意所吸引。李嘉诚的订单越来越多，而且，因为他的价格合理，有些经销商甚至主动提出愿意先付 50% 的订金。

洛克希德 · 马丁公司前任 CEO 奥古斯丁认为，每一次危机本身既包括导致失败的根源，也孕育着成功的种子。李嘉诚在灾难面前采取了平静的态度对待，巧妙地利用竞争对手的负面宣传扩大了自身的知名度，有效地宣传了自己的产品，借势扩大了企业的美誉度，反而广泛赢得人心。

所以李嘉诚曾对年轻人这样说："生命抛来一颗柠檬，你是可以把它转榨为柠檬汁的人。"这颗柠檬可能是一颗很饱满金黄的成熟果实，也或许还带有些许青涩。但无论如何，它都是人生馈赠给你的一份礼物，剩下的任务就是你该如何去品尝这份礼物。柠檬很酸，清爽酸甜的柠檬汁却很可口。但是正如好吃的麻薯是捶打米粒的结果一样，好喝的柠檬汁是挤压柠檬的结果。

假设我们就是这颗被挤压的柠檬，因为受不了这样的折磨都狂躁的挣扎，那么到最后的结果永远只是做一颗酸涩的柠檬，无人问津。如果我们静静的忍受这样的痛苦，享受着过程，最后加上蜂蜜和糖这样的配料，使我们变得成熟，变得可口，用我们散发出来的特有的清香，去吸引品尝者们的赞赏。

人生奋斗的过程就是柠檬成为柠檬汁的过程，柠檬汁里的蜂蜜和糖，正好是我们经历的那些风风雨雨的小故事；品味着用自己人生榨出的柠檬汁，就是一种幸福。

脚踏实地就是幸福

很多人在找工作的过程中很容易产生一种浮躁心理，尤其是那些刚刚走出大学校门的大学生。实际上，浮躁对我们做事毫无益处，反而成为我们成功路上的障碍，不管碰到多少次失败，我们都必须保持平静的心态，认真总结自己的经验和教训，锲而不舍，只有这样，我们才能真正地体会到成功的感觉，哪怕是微小的成功，带给我们的依然是幸福感。

于一凡是一个头脑非常聪明的大学生。从小学到大学都是备受老师关注的尖子生。大四时，他参加了考研，别人起早贪黑地学习最后都没有考上，可是他轻而易举地就考了个非常不错的学校，并且分数还排在前面，以至于有人说他是一个天才。

但是，很不可思议的是像他这样出类拔萃的一个人却在求职路上栽了一个跟头。他在找工作时，对一般的公司根本就不屑一顾，他觉得以自己的能力至少应该在一个著名的企业中担任一个经理，他相信一定可以碰到能够慧眼识珠的老板，在茫茫人海中把他这匹千里马挑去，然后把公司交给他管理。

周围的人都觉得他太浮躁了，于是劝他不要过于着急，凡事都应该慢慢来，现在找工作不要要求过高，将来在工作中如果你表现好的话自然会升职的，可是他根本就听不进去。在求职过程中，一开始老板都对他非常赏识，可是当他提出自己的要求时，老板都笑笑说："那是不可能的。”在接二连三的求职失败后，他终于看清了现实，最后还是在一家普通公司找了一份工作，他想起自己当初放弃了许多条件不错的工作，心里后悔不迭，可是又有什么办法呢？

于一凡求职之所以失败主要原因在于他过于急于求成，给自己定出了一个不切实际的目标。职场如同战场一样，不管你的能力再高，都需要在实际的工作中来检验，没有哪个工作单位会在一开始就给你安排重要的职位。你可以给自己定很高的目标，但是工作单位接不接受是另外一回事。求职是一个台阶，是一个显示自己的舞台，在这个时候，薪水和职位之类的问题不能过多地去考虑，浮躁对你毫无益处，老老实实地找个工作，在工作中尽情地显示自己的才华，这才是最重要的事情。

浮躁心理是求职的大敌，是引发众多心理压力与心理障碍的根源之一，脚跳实地是求职者首先应该做到的求职前提。

一、做好求职前的准备工作。你要了解自己面试的是什么公司，然后根据公司的性质来恰如其分地表现自己。比如你应聘的是销售岗位，你就应该积极主动地表现自己，因为销售人员需要的就是热情和活力，如果你应聘的是市场岗位，你应该尽可能地表现出自己与众不同的想法和创意，如果你应聘的是行政单位，你的一举一动都应该谨慎稳妥。

二、选择利于自己长期发展的工作。有的求职者在选择工作时只考虑公司的待遇，只要公司有名，薪水高，其他的都不考虑，就算工作和自己的专业不对口也毫不介意。这种求职心理只可能使你在短期内得到利益，可是对你将来的发展却是非常不利的。你应该静下心来想清楚自己到底喜欢什么工作，到底适合什么工作，什么单位更有助于自己以后的发展，这才是你求职应该关注的中心。

三、心态一定要端正。在求职中，不要急于求成，不要总认为自己了不起，不要对工作挑来挑去，一定要考虑自己的实际情况，心平气和地去找工作。

林颖从医学专业毕业后，遵从惯例，她需要先到医院里做见习医生，然后再慢慢地熬日子。其实刘敏在大学读书期间就已经在医院里实习了一年，她几乎在所有的部门都呆过，那个时候她才发现她并不喜欢那样的生活。

林颖感觉生活黯淡无色，了无生趣，她不敢想象自己一辈子都要过这种生活。她的梦想就是做一个医药代表，她对自己很有信心，她认为凭自己的学历担任医药代表根本就不是问题。可是在她求职过程中，却到处碰壁，投出去的无数简历都像石沉大海一样，听不到任何回音。即使有公司通知她去面试，最后也是不了了之。更不幸的是，就业形势非常严峻，父母对她的工作非常担心，常常跟她说："找一份差不多的工作就行了，不要好高骛远。"林颖心里非常沮丧，她在心里不停地问自己："我真的好高骛远吗？"

以上的两个例子告诉我们，不管做人也好，做事也罢，一定要脚踏实地，不要好高骛远。很多人在求职时，往往盯着那些大公司和大企业，不把一般的单位放在眼里，最后好的工作没找上，一般的工作也错过了机遇，落了一个两手空空的下场。单位差一点没关系，重要的是自己脚踏实地，一步一脚印，即使微小的事情，也能给自己带来成功感。

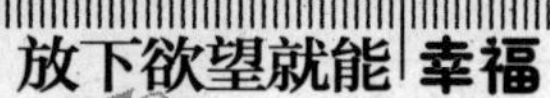

为不同的人生阶段而奋斗

子曰："吾十有五而志于学，三十而立，四十不惑……"意思即是说，孔子十五岁时就开始立志为自己的将来研究学问了，诚然，孔子是圣人，知道自己将来需要什么。但我们，作为普通人，也应该明白人生道路是条单程线，不同人生阶段有不同的需要，我们要为之而奋斗。

颖颖是个很有主见的女人，她姿色平平，但聪明、会生活。颖颖大学是在上海念的，毕业后就留在了那个繁华的城市，在一家外资企业做起了白领。当她的同学都在奋力准备考研的时候，她却不为之所动。她的同学感到很奇怪，在那样一个崇尚考研的潮流里，为什么一向学习成绩优秀的颖颖不考研呢？当她的同学问她的时候，颖颖是这么说的："我念了这么多年书，现在唯一想做的就是在社会上多锻炼锻炼自己。我想，这可能更有价值，况且，我对我找到的工作非常满意。我想，等工作以后还有机会可以再读研，可是一个好的工作机会却可能再也不会来了，错过了这一步就可能错过很多，我想好好在社会上干几年。"

颖颖是这么想的，也是这么做的，她从小职员做起，两年后就做到了企业的中层，常常有出国培训和出差的机会。当她的大多数同学还在学校里读研的时候，她已经在不同的国家和地区之间飞来飞去，提升了自己的眼界，提高了自己的能力；当她的高中、大学同学研究生毕业正为找工作弄得焦头烂额的时候，她已经积累了足够的工作经验，有跳槽的资本了。

可是正当颖颖的事业做得风生水起的时候，她却再次让人羡慕，她要做妈妈了。在现代化的上海，二十八岁做母亲实在是一个太年轻的年龄，二十八岁的上海女孩未婚的还比比皆是呢，更何况做妈妈了。这次，颖颖又有充分的理由，“女人太晚生孩子对孩子不好，自己各方面也不容易恢复，再说，生孩子是早晚的事，与其晚要，还不如趁着年轻有精力的时候早要呢。”这个聪明的女人，在二十八岁的年龄生下了一个可爱的小女儿，并且她一直用博客来记录宝宝的成长。看着那一张张可爱的照片，看着颖颖的笑容，她一直都是幸福和从容的。

颖颖在家里带了一年孩子，在孩子一周岁的时候，她一个华丽转身，去了另外一家外资公司做部门经理，薪水比原来高出百分之五十，再加上各种补贴，年薪也有了二十几万。这个而立之年的女人，一直演绎着自己的精彩，把自己的生活过得风生水起，让人羡慕。

这就是在奋斗中的聪明人，她一直明白什么是自己想要的，人生中的孰轻孰重，她分得很清楚，并从中更好地推断出将来，虽然不见得百分之百的准确，可是至少有一些是可以预见的。

农民种地讲究不误农时，人生成长、奋斗、发展也不可错过“季节”。只有抓住阶段中最关键的并为之奋斗，人生才少些遗憾，多些幸福。

第四章 揭开虚伪的面纱 体会真诚的幸福

虚伪是败事之源，虚伪让我们心神不安，让我们朝三暮四，让我们浅尝辄止。因为虚伪，我们无法平静；因为虚伪我们患得患失；因为虚伪，我们失去真诚。虚伪像恶魔一样缠绕着我们，影响着我们，在虚伪中，我们丝毫体会不到真诚带给我们的幸福感！少一点虚伪，多一点真诚，我们才能敞开心扉，我们才能真诚做人，踏实做事，才能有幸福感！才能幸福。

真诚是幸福的根本

生活中，最令人动情的往往不是那些豪言壮语，夸夸其谈，而是来自感情深处的细节。

某小区住着这样一对老年夫妇，他们每天吃过晚饭后，双双手牵着手，有说有笑地来到屋前的草坪上散步。有一天傍晚，天气很热，那对老年夫妇一前一后地走着，而那位阿姨手中却拿着一把蒲扇，一边走一边为她的老伴扇风。走到一块石凳旁时，阿姨先用扇子扇了扇燠热的石凳，然后扶着老伴在石凳上坐下，自己却站在旁边不停地为老伴扇风消暑。少来夫妻老来伴，夫妻就像一双手，一个是左手，一个是右手，缺了一个就不是完美的。握着妻子的手，就像左手握右手。这句话乍一看是说夫妻做久了，在一起没有感觉了。其实不然，往深处想，夫妻就是一双手，天冷了，你会搓自己的双手。这不就像遇到什么困难，两个人一起解决吗。一只手会感觉到冷，而两只手握在一起，你就会感到幸福的所在。

有一对犹太夫妇，结婚已经十年，还没有孩子。于是丈夫要求离婚，两人去见拉比（犹太教内负责执行教规和主持宗教仪式的长辈）。拉比坚决反对他们离婚，并一再劝解他们继续一起生活，但丈夫不同意。“既然你们决定离婚，”拉比说，“那你们就举行一场聚会再分手吧，就像你们举行婚礼那样！”夫妇俩同意了。聚会后，喝了很多酒的丈夫对妻子说：“亲爱的，我们分手以前，看看我们家里有什么你认为最宝贵的，你回到你父亲那里住的时候可以带走！”丈夫喝醉酒后便睡着了。于是，妻子就让仆人把丈夫抬到她父亲的家里，把他放在床上睡下。丈夫半夜醒来，睡意蒙地问妻子“我在哪里？”妻子说：“在我父亲家里，因为你说过，我可以带走我认为最宝贵的东西，在这个世界上，没有什么比你对我更宝贵了！”丈夫被妻子的爱深深地打动了。正是这个爱的细节，使丈夫毅然放弃了离婚的决定。从那以后，他们幸福地生活在一起。

其实，我们可以发现幸福的存在方式很简单，只要你丢下虚伪，用心去感受，用爱去感受，你就会发现幸福就在你的身边。

俗话说“良言一句三冬暖，恶语伤人六月寒”。幸福是什么？是一句话，一段情，是一缕阳光，让你的心灵即使在寒冷的冬天也能感到温暖如春；是一泓清泉，让你的情感即使蒙上岁月的风尘依然纯洁明净。幸福需要去我们自己去体味，去收集，把它留在自己内心深处。

假如生活是船，那么真诚就是船上的帆；假如生活是无垠的天空，

那么真诚就是雨后的彩虹；假如把生活比作钟表，那么真诚就如钟表上不可缺少的时针，指引你生活的方向；假如生活是一台机器，真诚就是机器上的发动机，是你生活前进的动力。

真诚有“听君一席话，胜读十年书。”的作用，就像汪洋中有一艘轮船。真诚也有使一株枯草起死回生的作用，就像黑暗中有束阳光，生活中有个向导。无论在何时何地，我们都应该拥有真诚。用真诚的阳光支起一片丽日晴空。每个人的一生既有喜悦，欢乐与追求，也有忧愁寂寞与失落，然而，我们不能只享受晴空丽日的温暖而忘了乌云翻滚的寒流，即使虎啸雷鸣，沧海横流，大地颤抖也不必就失去生活的信心，因为人生有真诚相伴，人生有真诚相陪。

当越来越多的高楼大厦，钢筋围墙将人们隔开后，当越来越多的名利占据了人们的整个身心后，当我们不断的发觉梦和现实不协调之后，当我们那份如清水的学子心境再也不能清如往昔的时候，我们不得不感叹，这个世界越来越需要真诚。广场上林立的广告牌下依然进行着人们热衷的讨价还价，小贩们的吆喝声在竭力掩盖着部分假冒伪劣产品，读到的文章只不过是表皮的宣泄，而根本无内在的真诚，诸如此类现象更是激发我们渴望真诚，呼唤真诚。

我们每个人都同样呼唤真诚，向往真诚，崇拜真诚。摘掉虚伪的面具，换上真诚面孔即发现真诚就在身边，让我们携手去珍惜真诚，同时把真诚的阳光洒遍人间！

幸福的七色花

爱，是一种魔力，是一种毒药，让人痛苦不堪，欲罢不能。让人失去自我，忘记一切，爱又是一种信仰，一种精神向往，即便是经历了失败，感受了痛苦。但努力去找寻，并相信真爱的存在，就一定会找到，这就是爱的信仰。

相信大家都听过七色花的故事，七色花很美，赤橙黄绿青蓝紫，像彩虹一样炫目。传说中，有一朵漂亮的七色花，它可以满足它的拥有者七个愿望。

男孩孤身一人，是大山脚下的花匠。女孩，有着一双美丽的眼睛却看不到任何东西。缘分让他们走到了一起，命运却让他们演义一场凄凉的爱情故事。

男孩要为女孩培育七色花，一种七片花瓣，每瓣花瓣颜色都不同的花。因为女孩说她想知道七色彩虹是什么样子。“我要让你闻着七色花的香味，就能感到七色彩虹的样子。”男孩对花丛中的女孩说。女孩点了点头，男孩从小就什么都听不到，女孩只能用形体语言来告诉男孩自已想要说什么。春暖，夏热，秋凉，冬冷。四季在轮回。当花开到六瓣时，男孩兴奋地拉来女孩，女孩轻轻地触摸七色花，像在触摸男孩炽热的真心。男孩摘了一朵星点花，小而白的那种，轻轻的插在女孩的发间。花纯，女孩更纯，他们的爱情更纯。接下来的事情没有想象中那么顺利。不管男孩怎么努力，花只开到六瓣，缺少的是红色的花瓣。一个梦，让事情有了转变，也有一个难料的结果在等着男孩。梦中，男孩死去的爷爷，一位老花匠对男孩说，若想培育出最后一片红色花瓣，你得用人血去浇灌，而且还要刚流出的鲜血。这样做很危险，你得慎重。男孩醒来，头脑中仍在回荡爷爷的那句，“你得慎重”。爱情是可以战胜理智，可以让人放弃一切的，包括生命。为了实现一句承诺，男孩愿意付出一切，甚至付出生命。男孩找到女孩对她说，三天后到他家的花圃里去，可以让她闻到七色花的香味，让她感到七色彩虹的样子。

在男孩转身离去时，女孩扑到男孩的怀里。男孩用颤抖的手紧紧抱住女孩，女孩细声的哭泣。女孩并不知道男孩要用自己的血去培育七色花。血渗进土壤，由根流到花秆。开出的第七片花瓣渐渐红了，可不是男孩想要的效果。男孩一咬牙，又用刀划破了手腕，血即刻涌出，男孩的脸色越来越苍白。花瓣越来越红。

第三天，女孩女孩走进男孩的花圃，一股浓而不淡，淡而不浓的花香扑入鼻孔，沁入心脾。女孩仿佛看到了七色彩虹挂在天空上。彩虹是座桥，架在两颗心上。男孩呢？女孩在摸索着。女孩摸到了男孩冰凉的手，她紧紧地握着男孩的手，把男孩抱在怀里关切地叫着男孩。男孩在女孩的呼唤声里睁开了眼睛，他看着女孩带着一丝微笑对女孩说，爷爷说要用人的血才能培育出红色的花瓣，我只好用自己的血去浇灌七色花了。现在我对你的承诺完成了，我好高兴啊。“你为什么这么傻？”女孩流着泪对男孩说。男孩虽然听不到女孩在说什么，但他看到女孩很伤心。可他的血已经流干了，他知道自己不能陪在女孩的身边，一生一世保护女孩了。

“答应我，好好活着，为了我，为了七色花。”男孩说话的声音已经断断续续了。当男孩伸手想擦干女孩眼角的泪时，手却在半空中垂落下来。男孩永远的闭上了眼睛，在女孩的怀里，旁边的七色花香弥漫了花圃，久久不散……

从此，大山脚下的花圃的主人换成了女孩。花圃里多了一座新坟，坟前栽满了七色花。第二年花开，一朵朵七色花像挂在天际边的彩虹，绚丽多彩。

这个故事告诉我们，只要你奉献出爱，就一定能播种出七色花。

七色花，它的花语代表着爱与真诚。只要这七色花与七种不同的颜色的花根组合在一起，就可以实现持花者的一个愿望。七色花、七种颜色的花代表不同的含义：红色，象征着爱心；橙色，象征着温暖；黄色，象征着光明；绿色，象征着希望；蓝色，象征着广阔；紫色，象征着高贵；白色，象征着纯洁。其实，每个人手里都有一朵七色花，关键是要看他是怎么选择的！爱情也分很多种，如同七色花，每一瓣都有一番特色。

七色花并不是美丽的传说，那是渴望爱情的男女心中一个美丽的梦想，其实只要两个人共同努力，那梦想就会变成现实。

每个人都有自己心中的七色花，在每个人心里都有个美丽的梦，要让梦想变成幸福，这样的幸福才是人们想追求的。

平静心情，泰然处之

平静，是一种气质、一种修养，更是一种境界。恬和、安宁，如一泓清水，映着风景。

平静，并不一定是平淡，也更非平庸，而是一种充满内涵的幽远。

庄子说："正则静，静则明，明则虚，虚则无为而无不为。"安之若泰，沉默从容，笑对人生，洒脱生活，往往要比气怒攻心，心烦意乱更显涵养和理智，更有机会和智慧来处理面对人生的一切。

人的一生，是追求幸福的一生，没有人会拒绝幸福，也没有人愿意放弃幸福，每个人都喜欢幸福，追求幸福因人而异，不同的人有不同的幸福，不同的人追求不同的幸福，那么在你追逐幸福的时候，想过没想过和幸福的这场赛跑，怎样才能赢？

其实幸福一直都跟随在你身边，你不动它就不会动，只要你平静的站在一个地方，幸福自然而然就会降临到你身边，只要把心态放平，安静下来，细心的你就一定会找到幸福的足迹。这就是古人都希望追求平静的心境。

当身处纷乱的世界，我们梦寐以求的就是平静和祥和。因为静能排除杂念，宁静以致远，则专心致志，将智能、灵感全部集中调动起来，而有所创造、有所成就。正所谓庄子说，圣人之静，善于固守养静，万物不足于挠其心志，以能静。事实告诉我们，就算只有平静，也可以造就非凡。

曾经有一个记者采访一个二十五岁的上班族，当问到他休假的时候想要做什么的时候，那个二十五岁的上班族不禁感叹道："我根本没时间考虑休假。整天都为了工作而忙碌，还要面对经常性的加班。上班的时候一旦工作做的不符合领导的心意，还要受到领导的批评，而'做不好就回家'更是每天都会听到的领导的口头禅。回家也睡不踏实，满脑子都是工作的事情。周末只想能睡个懒觉，让自己从工作中逃离出来。我基本上算是放弃了周末出游的机会，所以对于目前的我来说，人生就只有工作和睡觉，我一点都感觉不到快乐。周末出去玩也累得要命，本来一周的工作就已经让人心力交瘁了，周末出行还要面对拥挤的人群、堵塞的交通，回到家的时候又是疲惫的要死……我实在是太累了，只想能够好好休息，从工作中逃脱出来。真不知道自己什么时候也会像新闻里报道的那样过劳死……"

这可能是很多上班族的心声，他们渴望享受着生活，但是不知道其实放下心中对于工作的狂躁及生活的抱怨，平平静静地度过每一天就是一种幸福。

太多的人盼望着自己可以拥有鲜花掌声，灯红酒绿，歌舞喧腾的繁华热闹，那些不平凡的生活。但热闹之中，往往包含着捧场和虚假，热闹过后，留下的常常是无奈的冷清和失落。只有平静才是一方净土，才是一涌甘泉，不但能为你带来心灵的感念，更能让你享受生活的安宁和自在、洒脱。

周敦颐在《爱莲说》中写道：菊，花之隐逸者也。晋代田园派诗人陶渊明，一生独爱菊花，有诗曰：采菊东篱下，悠然见南山。这是千年以来脍炙人口的名句，悠闲地在篱下采菊，抬头见山，是那样地怡然自得。十三年官场生涯，归隐后的陶渊明，更是平静的写出了大量流传千百年的田园诗。

其实在中国古代追求平静就是幸福的诗人并不在少数。唐代刘禹锡在《陋室铭》中就更加充分的告诉世人，陋室虽贫，却隐逸情趣。

所以安静的生活是对人生的一种开悟，其美妙绝伦不仅在于外在生活的是否有多华丽，而且在于内心的宁静。所谓心平如镜，就是这种人生最好的写照。心灵宁静，人生就犹如明镜一样平光洁亮，世界上的万事万物都会被摄入其中，映于其上，非常清晰可见，细致入微。同时，它又不至于扰乱人的思绪，给人生带来苦恼和忧烦。这样的生活难道还不够幸福吗？

人之一生，为生计而忙碌，为感情而纠葛，为世俗而心烦……每每遇到这些，心底却无不渴求生活的平静。谁都希望能一生平安、顺心如意、朋邻和睦，日子过得安宁、祥和、宽松、愉快、洒脱；追求幸福这两个字。

然而生活中最纷扰的一个字就是争。生命与时间争，因为事情与人争，为了生活去争取金钱。这个世界的吵闹，喧嚣，摩擦，嫌怨，钩心斗角，尔虞我诈，都是争出来的必然结果。明里争，暗地争，大利益争，小便宜争，昨天争，今天争，你也争，我也争，争到最后，原本阔大渺远的尘世，也就只剩下些内心的狂躁。

争的理由很多，但是当钱、权争到手

的时候你幸福吗？当名、利夺来时你快乐吗？当你绞尽脑汁，处心积虑，甚至你死我活争到手的，不是快乐，不是幸福，不是心安，只是烦恼，烦躁，仇怨，痛苦，以及疲倦至极的身心。因为在争的过程中，内心卷起的波澜，会令人陷入不安的狂躁，那是疯狂的，无助的。与此同时，你可能失去了很多，亲情、友情、爱情，不经意间，他们都会从你身边悄然逃走，当你平静下来的时候，已然失去很多。既然这样，为什么我们不能从一开始就做一个平静的人？有句俗话：该是你的便是你的，不该是你的，争也争不到。其实就算用“争”来得到，恐怕得到后失去的会更多，因为你失去的是空明的一颗心。

平静下来，去感受身边的一切，把一切事物看得美好些，幸福就会悄悄地落到你身边。

上善若水，真诚无悔

出自于老子《道德经》的："上善若水。水善利万物而不争，处众人之所恶，故几于道。居善地，心善渊，与善仁，言善信，正善治，事善能，动善时。夫唯不争，故无尤。"即是说，最高的善像水那样。水善于帮助万物而不与万物相争。它停留在众人所不喜欢的地方，所以接近于道。上善的人居住要像水那样安于卑下，存心要像水那样深沉，交友要像水那样相亲，言语要像水那样真诚，为政要像水那样有条有理，办事要像水那样无所不能，行为要像水那样待机而动。正因为他像水那样与万物无争，所以才没有烦恼。

老子认为上善的人，就应该像水一样。水造福万物，滋养万物，却不与万物争高下，这才是最为谦虚的美德。江海之所以能够成为一切河流的归宿，是因为他善于处在下游的位置上，所以成为百谷王。

世界上最柔的东西莫过于水，然而它却能穿透最为坚硬的东西，没有什么能超过它，例如滴水穿石，这就是"柔德"所在。所以说弱能胜强，柔可克刚。

不见其形的东西，可以进入到没有缝隙的东西中去，由此我们知道了"不言"的教导，"无为"的好处。

曾经有一篇文章叫《"肥皂水"的哲学》，故事告诉我们要像水一样，换个方式看待问题，也许换来的是"柳暗花明"。故事讲道；约翰·卡尔文·柯立芝于1923年成为美国总统，他有一位漂亮的女秘书，人虽长得很好，但工作中却常因粗心而出错。一天早晨，柯立芝看见秘书走进办公室，便对她说："今天你穿的这身衣服真漂亮，正适合你这样漂亮的小姐。"这句话出自柯立芝口中，简直让女秘书受宠若惊。柯立芝接着说："但也不要骄傲，我相信你同样能把公文处理得像你一样漂亮的。"果然从那天起，女秘书在处理公文时很少出错了。一位朋友知道了这件事后，便问柯立芝："这个方法很妙，你是怎么想出的？"柯立芝得意洋洋地说："这很简单，你看见过理发师给人刮胡子吗？他要先给人涂些肥皂水，为什么呀，就是为了刮起来使人不觉得痛。"

水是博大精深的，它对我们的启迪还有许许多多，如"滴水穿石"，启迪我们对事业的追求要锲而不舍；"千条江河奔大海，一江春水向东流"，启迪我们一旦认准一个目标，就要有一往无前的勇气和坚定执著的精神；"海纳百川，有容乃大"，启迪我们要有恢宏的气度，博大的胸怀……水对我们的启迪是如此丰厚广博，难怪先哲要发出"上善如水"的赞叹！

这样平静而淡泊的生活虽然不够享受奢华，但是足够享受幸福。生活很复杂，其实也可以很简单。人生不怕平淡的日子，只怕生活的感觉不真实，不

幸福。

安静不是沉默，不是心灰意冷。摒弃了愤世嫉俗，守护着心灵的田地，播种、耕耘、收获。像刚出炉的陶瓷、紫砂经历了风风雨雨之后温婉沉静，内涵丰富。悄悄地过着日子，静静地守着年轮。不追求崇高，凡事讲原则。也许生活的内容单调，但生活的本身却丰富多彩。

幸福与功名无关，与利益疏远，是慢慢渗透到心里的，只是因为人们的忽略才体会不到它无时无刻的存在。

怀着一颗真诚的心，寻找一份心旷神怡的安静，在纷繁复杂中充满感恩的生活，这，就是一种幸福。安静地生活，过着平常的日子，守候淡泊的岁月，即使是坐在窗口边静静地看云，听着雨。偶尔，天空上有几只鸟儿快乐地飞过，偶尔，风吹来把自己的发丝吹乱。

其实，上善若水，是对待生活的浅浅姿态，是对待未来的默默期待……

真诚倾听幸福的声音

用心倾听风的声音，总会对生活有些感悟。当你闭上眼睛，让风的声音，轻轻地滑过耳边，拂过眼帘。听着这首宛如天籁的乐曲，闻着它为你带来远方的一缕清香。在自然的旋律中领略空灵与净美，获得安宁与休憩，感悟人生的真谛，汲取生命的力量。这份宁静，不就恰好是幸福吗?

有人认为，所谓幸福，一是做自己想做的事情，二是与自己喜爱的人在一起。

有人认为，得到自己需求的东西就是幸福。

有人还说过，人生的终极目标就是追求幸福。

有位女作家最喜欢的关于幸福一词的阐释是这样的：幸福是“一种持续时间较长的对生活的满足和感到生活有巨大乐趣并自然而然地希望持续久远的愉快心情。”在百家讲坛关于幸福话题的讲座中这位女作家这样说：“幸福是灵魂的工程，生活本身的目的就是获得幸福，追求幸福让众生殊途同归；幸福不是金钱，幸福不是长寿，幸福不是科技，幸福不是多子多孙；幸福来自于内心，幸福是一种情绪，幸福是一种感觉；生活中也不缺少幸福，只是缺少发现幸福的眼睛；生活本身没有意义，所以我们要让它变得有点意义，生活本身并不幸福，所以我们要幸福的生活。”女作家说，自己也曾经是“幸福盲”，从自己父母双亲临终前都说自己是幸福的而受到震撼，因而她说：“我开始审视自己对于幸福的把握和感知，我训练自己对于幸福的敏感和享受，我像一个自幼被封闭在黑暗中的人，学习如何走出洞穴，在七彩的光线下试着辨析青草和鲜花，朗月和白云。”所以要“留一点时间给自己，留一点当下的幸福给自己。”

人可以追求或选择自己喜欢的生活方式，却无法摒弃生活的本质。生活原本是一缕清风，贫乏与富足、权贵与卑微等等，都不过是人根据自己的心态和能力为生活添加的调味料。有人喜欢丰富刺激的生活，于是风吹来许多不同的味道。有人喜欢苦中作乐的生活，于是风把咖啡的香气带到你面前。有人喜欢在生活中多加点甜蜜，于是风里夹杂了淡淡的水果香。有人喜欢把生活泡成茶，于是风便让花在空气里呼吸。还有人什么也不加，只喜欢原汁原味的那种自然。

我们拥有一双明亮的眼睛，但是正因如此我们却往往忽略掉倾听。我们愿意用眼睛直观的看世界，而不是用心去聆听世界对我们说的那些发自“肺腑”的宣言。

如果有一天你突然失去光明，如果有一天你的生活里将被黑暗笼罩，没有一丝光亮，你什么也看不到的时候，你是否想过其实倾听也可以看到一个美好的世界？

北京2008年残奥会开幕式上，他的一曲《天域》在“鸟巢”的夜空响彻，现场9万多名观众为之而震撼，电视机前的全球观众为之而惊叹——因为，他是一位盲人歌手！他叫杨海涛，来自中国残疾人艺术团。

杨海涛说，北京残奥会开幕式的演出，是他成长20多年来第一次面对这么大的演出场合，内心非常激动。早在演出开始前两个多小时，他就来到后台候场。别人告诉他没必要这么早过来，可杨海涛内心有一个“小秘密”，因为他知道，这样的演出机会实在太难得了。虽然他看不见，但可以倾听，可以感受，提前来的目的，就是想感受坐满观众的“鸟巢”热烈氛围，对于黑暗中的他而言，现场的氛围将会给他带来灵感，会让他的状态更佳。

他看不到这个世界，但是他用耳朵和心来感受世界上的一切热闹。他把所有的声音都变成了他的一种幸福。

有人活着，不知道自己想要的是什么。于是盲目地羡慕，盲目地追求，往往却总是与幸福擦身而过。其实，每个人不论在任何处境下，只要端正自己的心态，学会把握、学会满足、学会感恩，生活就会幸福。同时,幸福也不是可以用你能得到多少财物拥有多少名誉来衡量的，社会的和谐、家庭的和睦、身体的健康才会让人感到真正幸福。

生活只是那一缕清风，要靠自己慢慢去品味，平静地去倾听，你才能发现，原来，最幸福的生活，就是在那如水的平淡中活出精彩。

就好像是海伦·凯勒，她的世界黑暗而又寂寞。她看不到听不到，可是她却说:世界上最美丽的东西，看不见也摸不着，要靠心灵去感受。

在一岁零七个月时，突如其来的猩红热产生的高烧就使海伦失明、失聪，成为一个集盲、聋、哑于一身的残疾人。由于聋盲儿童没有获取正确信息的途径，心灵之窗被禁锢造成她性格乖戾，脾气暴躁。

但是有一天，一个家庭教师教会了她用心去“倾听”世界。从此海伦平静了下来。

她开始喜欢信马由缰地徜徉在森林中，也喜欢月夜泛舟，靠水草、睡莲散发出的芬芳来辨别方向。她还喜欢骑着双人自行车兜风，在飞驰中体会力量和速度，并像男孩子一样喜欢在国际象棋的较量中斗智斗勇……她还爱大自然，站在尼亚加拉大瀑布前虽看不到飞流直下三千尺的人间胜景，听不到那震耳欲聋的轰鸣，却可以从空气的震颤中领略到世界最宏大的瀑布的雄奇壮观。

生活如一阵清风，套用一句当下流行的话：你见，或者不见，幸福就在那里，不悲不喜。你念，或者不念，幸福就在那里，不来不去。你爱，或者不爱，幸福就在那里，不增不减。你跟，或者不跟，幸福就在你手里，不舍不弃。

幸福很简单，很常见，可能你的手里正握着它；可能它正化身清风，围绕在你身前；只需要你付出你倾听幸福的真心，幸福的声音就会如一段天籁般灌入你的生活里。

静下心来，仔细倾听幸福这阵风的声音……

敞开心扉，小事大事都幸福

踏实是浮躁的克星，而勤奋则是踏实的一个重要方面。“现在时代已经变了，勤奋已不再是在职场中乃至成功路上的法宝了，我们需要享受生活并等待机会。”这是现代人常见的想法。是的，如今这个时代的确与以前不同了，但并不像你所想象的那样——勤奋越来越不重要了，而是恰恰相反，要想在事业上获得成功，勤奋是必不可少的一种可贵品质。勤奋多一点，浮躁就会少一点，勤奋的人，是不会有不切实际的欲望的，他们的目标永远在不远处。勤奋的人，因为多了一点踏实，少了一份浮躁，所以，更注重切实的目标，而他们的幸福感则会更多。

所有懒惰的人认为只有享受生活才是生活的最终目标，勤奋工作带来的是身心疲惫。其实这样的想法是不负责任的，不过是逃避责任的借口。在如今这个充满了机遇和挑战的时代，一位有头脑的、智慧的职业人士绝不会错过任何一个可以让他们的能力得以提高，让他们的才华得以展现的工作。尽管这些工作可能薪水微薄，可能辛苦而艰巨，但它对我们意志的磨练，对我们坚韧性格的培养，是使我们一生受益的宝贵财富。所以，正确地认识你的工作，勤勤恳恳地努力去做，才能对得起自己。

没有任何成功来得轻松，它需要你付出努力，所以，在你的生命里，你必须勤奋。世界上没有免费的午餐！如果你渴望获得成功，你就得勤奋，努力做好工作中的每一件事。

人的才能不是天生的，是靠坚持不懈的努力，靠不折不扣的勤奋换来的。举世瞩目的科学家诺贝尔就是很好的例子。

诺贝尔的父亲是一位颇有才干的机械师、发明家，但由于经营不佳，屡受挫折。后来，一场大火又烧毁了全部家当，生活完全陷入穷困潦倒的境地，要靠借债度日。父亲为躲避债主离家出走，到俄国谋生。诺贝尔的两个哥哥在街头巷尾卖火柴，以便赚钱维持家庭生计。由于生活艰难，诺贝尔一出世就体弱多病，身体不好，他不能像别的孩子那样，活泼欢快，当别的孩子在一起玩耍时，他却常常充当旁观者。童年生活的境遇，使他形成了孤僻、内向的性格。

诺贝尔到了13岁才上学，但只读了一年书，这也是他所受过的唯一的正规学校教育。到他10岁时，全家迁居到俄国的彼得堡。在俄国由于语言不通，诺贝尔和两个哥哥都进不了当地的学校，只好在当地请了一个瑞典的家庭教师，指导他们学习俄、英、法、德等语言，体质虚弱的诺贝尔学习特别勤奋，他好学的态度，不仅得到教师的赞扬，也赢得了父兄的喜爱。然而到了他15岁时，因家庭经济困难，交不起学费，兄弟三人只好停止学业。诺贝尔来到了父亲开办的工厂当助手，他细心地观察和认真地思索，凡是他耳闻目睹的那些重要学问，都被他敏锐地吸收进去。

为了学到更多的东西，1850年，他出国考察学习。两年的时间里，他先后去过德国、法国、意大利和美国。由于他善于观察、认真学习，知识迅速积累。很快成为一名精通多种语言的学者和有着科学训练的科学家。回国后，在工厂的实践训练中，他考察了许多生产流程，不仅增添了许多的实用技术，还熟悉了工厂的生产和管理。

就这样，在历经了坎坷磨难之后，没有正式学历的诺贝尔，终于靠刻苦、持久的自学，逐步成长为一个科学家和发明家。是什么原因让这个不起眼的小男孩变成举世瞩目的科学巨人？是靠坚持不懈的努力。正如爱因斯坦所说："人们把我的成功，归因于我的天才；其实我的天才只是刻苦罢了。"同样的道理，生活中或者在工作中，要做出高于其他人的业绩，要想比他人更幸福，除了勤奋，你没有任何捷径可走。

有些人拿放松来为懒惰做掩护。偶尔放松一下是人之常情，紧张的工作总要适度的放松，通常如果不是很离谱，主管多是睁只眼闭只眼也就罢了，但是偷懒上了瘾可就不是件好事了。如果主管早已对你有了戒心，你就很难翻身了，没有处置你已算幸运，升职加薪就免提了。对你自己来说，懒惰会使你离工作越来越远。没有付出，就没有回报。贪图安逸将会使人堕落，无所事事会令人退化，只有勤奋工作才是最高尚的，才能给人带来真正的幸福和乐趣。

古语说："勤能补拙是良训，一分辛苦一分才"，人们往往把一个人的成功归结于他的天赋，殊不知，他的天赋也是从勤奋中得来的。

战国时期，有一个名叫苏秦的人，年轻时由于学问不深，游说于诸国而不得重用。回家后，父母不把他当儿子看，嫂子不把他当小叔子看，兄弟姐妹讥笑他不

务正业。就连妻子，看到他进家，连眼皮也不抬，仍坐在机杼前纺自己的布,不下来迎接他。这一切都刺激了苏秦,于是他“头悬梁，锥刺股”，发愤读书。就是通过这样不断勤奋地努力，苏秦学成后，游说燕文侯，得其资助而游说于赵。赵王经过他一番巧舌如簧，晓以大义，陈以利害之后，“乃饰车百乘，黄金千镒，白璧百双，锦绣千匹，以约诸侯”。后来他又游说韩、魏、齐等国。于是苏秦“为纵约长，并相六国”，成为历史上著名的政治家。

其实，古往今来凡有所成就者，无一不是通过勤奋来实现的。即便才智平平，你也完全可以通过勤奋这个工具，让自己把工作做得更出色。

在生活中，我们做好了大事，固然有成功感，而做好每件小事，对我们来说也是一种幸福。大海不拒细流,方能成其大。幸福无关大小，只要我们去做，即使再微小的事情，只要我们做好了，我们依然可以体会到幸福感!

敞开心扉，大事小事都幸福。

第五章 走出抱怨 感悟内心的幸福

生命总是相互依存的，有哲人说，世上最大的悲剧就是一个人大言不惭地说："没人给过我任何幸福。"一个没有抱怨的人，会感恩自然的福佑，会感恩父母的养育，会感恩社会的安定，甚至会感恩自己的敌人。因此感恩者遇上祸，祸也能变成福。而那些常常抱怨生活的人，即使遇上了福，福也会变成祸。

叩开幸福的大门

荀子曰："自知者不怨人，知命者不怨天；怨人者穷，怨天者无志。"有自知之明的人不抱怨别人，掌握自己命运的人不抱怨天；抱怨别人的人则穷途而不得志，抱怨上天的人就不会立志进取。在市场经济的大潮中，任何牢骚满腹、怨天尤人的举动都毫无意义，任何人的幸福和成功都不是抱怨出来的,而是走出来的。只有把抱怨环境的心情，化为上进的力量，才能叩开幸福的大门。

加藤信三曾经是日本狮王牙刷公司的一个小职员。有一次夜里加班他很晚才回到家，第二天早上还是起床准备去上班。

他匆匆慢慢地起床洗脸、刷牙，没想到，在忙乱中牙齿被刷出血来。加藤信三不由心生恼火。原因是在刷牙时牙齿出血的情况已经发生过很多次了，怀着一种恶劣的情绪和满肚子的牢骚他冲出了家门赶去公司。

作为一名牙刷制造公司的员工，使用自己公司的牙刷刷牙竟然牙齿出血，加藤的不满情绪越来越难以控制。但是，当他怒气冲冲走进公司大门后，脚步渐渐放慢，慢慢地平静了很多。

进了办公室，他开始和同事们讨论牙齿出血的问题，并且提出了如何对牙刷进行改造，从刷毛质地、改造牙刷造型、重新设计刷毛排列等各种情况提出了牙刷的改造方案。

加藤很快通过实验来验证方案的可行性，找到最好的解决方法。

加藤发现牙刷毛的顶端由于是机器切割，所以全部呈锐利的直角——这才是刷牙出血的真正原因！

后面的事情很快都开始解决了，改变刷毛的切割方式，把这些直角都弄成圆角。然后他向公司提供了成熟的改造方案，公司很快投入资金，把全部牙刷毛的顶端都改成了圆角。

改善后的狮王牌牙刷很快受到广大顾客的欢迎，公司获得了很大的盈利。对公司做出巨大贡献的加藤也由一个普通职员晋升为主任，多年后，他成为了公司董事长。

诚然，不论现实生活是多么不尽如人意，依然不乏成功的机会。一个人能够成功关键是看一个人在生活中的态度，面对生活的种种不如意是不满、抱怨，还是将不满、抱怨化作成功的动力。只要秉着一种积极向上的生活态度去努力，去改变现状，只要不是发些牢骚、悲叹不公，那么，我们有理由相信成功已经离我们不远了！

霍尔斯基在新泽西州纽瓦克市的一家百货公司买了一套西装，结果这套西装令他很不满意，上衣褪色；弄脏了他的衬衫领子。

他把西装送回店里，找到了当初卖给他的那位店员，他试着把情形说出来，但被店员打断了。那位店员说："这种西装我们卖了好几件，你是第一个抱怨的人。"他那咄咄逼人的语调等于在说："你在骗人，哼！我可要给你一点颜色瞧瞧。"

在这场激烈的争吵中，第二位店员插嘴进来，他说："所有深色的西装，因为颜色的关系，开始的时候会褪点儿颜色，这是没有办法的，这种价钱的西装都是如此"。

这个时候霍尔斯基已经怒火中烧了，第一个店员对他的诚实感到怀疑，而第二个店员则暗示他买的是低级货。当时，他非常恼火，正想发火的时候，突然间，服装部的经理走过来了。他很有一手，他把霍尔斯基的态度整个改变过来。他使一个愤怒的人，变成了一名满意的顾客，下面就是他所做的：

第一，他从头到尾地听霍尔斯基把事情叙述一遍，没有说一句话。

第二，当霍尔斯基说完的时候，那两个店员又提出他们的说法，他却以顾客的观点跟他们争辩起来，他不只指出霍尔斯基的领子显然是被那套西装弄脏了，还坚持说该店所卖出的东西，必须令顾客感到100%的满意。

第三，他承认自己不知道毛病出在什么地方，他对霍尔斯基很干脆地说："你要我怎么处理这套西装呢？我完全照你的意思做。"

就在几分钟前，霍尔斯基还准备叫他们收回这套该死的西装，但这时他却回答："我只要你的忠告，我要知道这种情形是否是暂时的，以及是否有什么补救的办法。"

服装部的经理提议霍尔斯基再穿一个星期看看，"如果那时候你还不满意，再带来，我们再换一套你满意的。很抱歉，给你带来这么多麻烦。"

霍尔斯基很满意地走出那家商店。那套西装穿了一个星期后，没有什么新的问题发生，于是他对那家百货商店的信心，又全部恢复过来了。

难怪那位经理是服务部

的主管，至于他的两名下属，他们将永远只当个店员而已，不，他们可能会被降到包装部去，他们在那儿，将没有机会接触到顾客。

生活赐予了我们每个人同样的生活环境，而抱怨让有的人生活变得黑暗，而当我们停止抱怨，寻找快乐的时候，我们的生活也就充满了阳光。因此我们勇于接受生活所给予我们的一切，不仅仅是甜美，更有苦辣。不要抱怨自己的专业不好，如果你把自己的专业知识全部学到手，你就是成功；也不要抱怨你的学校不好，只要你肯努力，你一样能成为一个人才；更不要去抱怨自己满腹才华无人赏识，只要你把自己的技能水平提高到一个更高的台阶，就会得到更多的人的关注，你的机会也就会随之而来。

过多的抱怨会淹没掉生活的热情；过多的抱怨会消磨掉奋斗的勇气，过多的抱怨会让生活失去阳光的温暖。让我们在生活中少些抱怨多些行动，用自己的努力来改变现状并获得最后的幸福吧！哀怨自己的生活不如去改变自己的生活，美好的人生就是在特定的游戏规则中积极进取并不断获得幸福的过程。

收获内心的幸福

一个人要有一颗积极进取的心，才能不断地向前发展，不断地取得成功。积极进取的态度对于任何人的一生都很重要，它是每个人前进的动力，是体现人生价值的途径。有了进取心，人才会进一步获取新的知识，不断充实自己，提高自己，从而更好地体现自身的价值。而体现自身的价值，这对我们每个人来说，都是一种成功，都是一种人生的幸福。

虽然成功的道路各不相同，但成功人士身上都有一个共同点，那就是他们都拥有强烈的进取心。也正是因此，他们才不会被暂时的困难和挫折压倒，从而最终获得成功，收获幸福的人生。

江艳是一家公司的销售策划人员。公司前不久准备开发一款“白雪洗发精”的产品，最终失败了，可江艳对这款产品仍旧很感兴趣。这是一款价格低廉，不含任何添加剂的洗发精，虽然没有华丽的包装，但对于讲求实惠的消费者还是很有吸引力的。江艳决定再次将其推荐给公司的管理层，让他们知道这款产品的价值所在。经过一番努力和争取，管理层终于接受了她的行销建议。很快，“白雪洗发精”成为公司所有产品中销售最好的洗发精之一。

由于这款产品为公司取得的巨大收益，江艳被任命为一家分公司的负责人。在她的带领下，分公司开发出了一系列的护发新产品，并都成为市场上同类产品中的佼佼者。鉴于江艳不断以个人的积极进取心为公司开发出了更多的销售方案，总公司任命她为副总裁。

由此可见，拥有积极的进取心对于一个人在事业上的发展有着多么重要的作用。江艳之所以能够有这么大的成就，她策划的行销方案能够获得认同，就在于她有着一颗强烈的进取心。

积极进取与满足现状是相对应的，一个人一旦对自己的现状感到满足，他的进取心在很大程度上就会相应被削弱，变得患得患失、瞻前顾后，而犹豫不决的结果只能有一个，那就是成功的道路到此为止。

由此我们可以看出，一个人成就的大小取决于他进取心的大小。若你只想从北京走到石家庄，那你最远也只能到达石家庄；若你决心从北京走到拉萨，即便最终没有走到，那你到达的地方也绝不止从北京到石家庄的距离。

日本松下公司的总裁松下幸之助年轻的时候，家境贫寒，他不得不早早地参加工作。有一次，瘦小的松下到一家电气公司谋职。负责人看他衣着破旧，又瘦又小，觉得不能雇用他，但又不好意思直接说，就找了个理由：我们暂时不缺人，要不你一个月后再来吧。这本来只是一句托辞，谁知一个月后松下真的来了。那位负责人无奈之下，又推说这几天有事，让他过几天来。几天后看到再次站在自己面前的松下，负责人不得不直接告诉松下不能聘用他的原因。于是松下借了身干净的衣服再一次来应聘。这位负责人彻底被松下的韧劲儿打动了，决定聘用他。此后，对电器并不了解的松下为了做好工作，又学习了电器知识。就是在这样一点点的进步和努力下，不断进取的松下终于成为了著名电器公司的总裁。

在职场中，进取心主要表现在追求自我能力、知识方面的自我更新与提高上。进取心可以让人的思维活跃，可以使人的知识广泛而渊博，拥有强烈进取心的人无论有没有得到相应的成功和地位，也必将受到

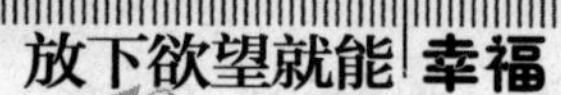

周围人群的尊重，其自身价值也必将被充分地体现出来。

在工作中一定要把自己的进取心充分地表现出来，这样不但有利于工作更好地开展和完成，更能提高自己的工作能力和业务水平，从而使自己不断获得前进的动力和决心。如果只做出一点成绩就满足了，裹足不前，那么终其一生都只能是一个每月按时领薪水的小职员，不要奢望成功的光环会挂在你头顶上了，更不要说收获人生的幸福了。

总之，对任何人来说，只有积极进取，实现自身的价值，才能赢得事业上的成功，收获人生的幸福。一个没有体现自身价值的人，他的人生是不会幸福的。只有那些积极进取的人，才能最终收获事业的成功和人生的幸福！

让感恩回归心灵

什么是幸福递减？其实不是真正幸福减少了，而是心态不能满足了。当我们处在一个不好的环境中时，一些本来微不足道的东西就能让我们觉得幸福，在我们的感官上一些小东西就能给我们极大的满足感。但是当环境好了之后，这些小的需求已经得到满足了，再拿出这些小东西就不会激起我们的兴趣了，我们不会再觉得满足，当然就不会再觉得有幸福的感觉了。

“身在福中不知福”这句谚语依然响彻耳际。幸福何许物也？每个人都有自我的一个标准，而你可曾想过，一个在茫茫无际的沙漠中徒步孤行、饥饿难耐的人意外地找到一片满是泉眼和挂满果枝的绿洲，对于那个人来说无疑是天大的幸福。

或许时空的转换却不得不使我们重新审视那个在沙漠中获得“幸福”之人了。假若那人是生活在具备各种物质条件的生活圈中，那“绿洲”之福就显得微弱至极，当有种类繁多的瓜果、有滋味各异的饮料，在享受美味的食物时，是否还会想起在另一个环境下，同样的恩典却有不同的感受呢？那可真是让幸福大打折扣了。

一切说得直白一点，都是我们内心的变化引起了感觉的变化，山还是那座山，可是看见时的感觉就是不一样了。人处的环境越好，需求、欲望就会越高，对低等的物质、感觉的提供就越习惯，当你认为一些事情是理所当然的时候，肯定就不会觉得幸福了。

人都是有贪欲的，想要的东西越得不到就越想得到，千方百计才得到了就会觉得很高兴，但是得到的多了就会变成负担了。这时候，就会往更高的需求进发了，要不然就会觉得生活无趣，现在的一切都不能满足精神的需要。

这样的例子不胜枚举。朱元璋在没当上皇帝之前曾沿街乞讨，每次讨回的都是些剩菜残羹，白菜、豆腐也成了最大的奢侈，也许他觉得那就是山珍海味。但当他摇身一变，当上了皇帝之时，每天享受的都是御厨掌勺的可口大餐，天南海北的风味一应俱全。有一天，吃腻了宫廷佳肴的朱元璋，回忆起当年乞讨到的白菜、豆腐的“佳美”，随即命御厨烹饪当年的“白菜豆腐汤”。当御厨奉上香气四溢的美其名曰“翡翠白玉汤”时，朱元璋品尝后却怎么也找不到当年那股“美味”了。

曾经那些救命的东西给皇帝带来了满足，它们本身的价值和作用一点都没有发生变化，只是因为时过境迁，往日的喜悦早就被各种物质满足了。习惯性的东西就不再奇怪了，不再有欣喜了。

所以我们想要活得一直幸福，就要学会感受幸福，不要让我们的感官麻痹了，失去对幸福的敏感。经常思索幸福的意义，寻找幸福，记得幸福。在走向富裕和幸福的生活时，请别忘记沙漠中的口渴，别

忘记无鱼、无食、吃糠腌菜的三餐，别忘记又饿又累又病的日子，恒念物力维艰，常思一饭一粥来之不易，只有回忆过去的苦，才知现在拥有的甜。

在你们情感得到平稳发展的时候，不要忘记当时的困扰，来之不易的结合，只有常常感念当时的苦，回忆当时的甜，才能更珍惜今天的来之不易。

幸福是需要提醒的，人们常常不知道幸福就在身边，真的得到了，幸福感就失去了。在事业上，我们要不断进取，得到更进一步的成功，取得不断地满足。在生活上，我们在不断向上的时候还要怀着感激之心，让我们得到的幸福更加持久。

远离浮躁才能幸福

现代社会，越来越多的欲望让人们变得浮躁，急功近利，像病毒一样，在社会的各个角落肆意传播。许多人很聪明，但是，却始终不能做到做事专一，自身缺乏意志和恒心，到头来只能是一事无成。为什么会这样呢?

因为在我们的心灵深处，总有一种力量使我们茫然不安，让我们无法宁静，这种力量叫浮躁。而浮躁是我们生活中获得成功、幸福和快乐的最大敌人。其实，浮躁不仅仅是我们人生的敌人，更是影响我们走向幸福的一种心理疾病，在现代社会，在欲望的驱动下，浮躁在不断渗透到我们的日常生活和工作中。可以这样说，我们的一生是同浮躁斗争的一生。

现代，随着社会的不断发展，物质生活的不断提高，人们的欲望也不断开始萌芽。而由于人们对成功、幸福等追求的迫切心理，让越来越多的人变得浮躁起来。而浮躁不仅对我们取得成功，获得幸福没有帮助，甚至成为了我们获得成功和幸福的绊脚石。在生活中，不乏这样的例子。

几年前，王哲通过向亲朋好友借贷，弄来了十万元创办了一家服装公司。由于她准确的判断，抓住了市场机会，她的公司得到了迅速地发展。在公司成立的第一年，她通过自己的努力就获得了不错的成绩，规模得以扩展。随后的一段时间中，公司发展一直稳中求胜，在业界也有了一定的知名度。而王哲作为公司的创业者，对公司的未来充满信心。

在一次大客户招标会上，王哲原本以为凭着公司实力肯定能大获全胜，但是，没想到半路上杀出个程咬金，一家更强劲的竞争对手将订单横刀夺去，这对王哲的自信心是很大的打击。而经过这件事，王哲产生了一种强烈的危机感，一向做事有条不紊、镇静自如的她开始被一种挥之不去的浮躁感所困扰。在这种浮躁情绪的逼迫之下，王哲开始对公司员工施加压力，要求员工不断加班加点，恨不得所有人都只是干活而不需要休息；无休无止地开会讨论公司各种发展机会，不断对公司的策略发展方案进行改动，企图在短期内看到一定的成效；她千方百计地试图打造出百分百的公司竞争力，让公司在竞争中求胜。

但是，让王哲感到失望的是，一切的努力最终都没有如愿取得预计的成果。在她过分的严格要求下，整个公司的创新精神受到重挫，不要说业绩有很大的提升，相反，还没有招标前优秀，而且公司的员工们整日惶惶恐恐，生怕做错事被罚，于是不求有功只求无过。另外，王哲的浮躁情绪为整个公司的氛围蒙上一种人为的紧张：在她面前，员工们如惊弓之鸟,生怕由于一点点失误而受到斥责。而公司的高层主管，在向她汇报工作的时候，尽量选择用美化的词语去报告工作，而不直言工作过程真实存在的缺陷与危机。对王哲来说，更糟糕的是，公司几名核心骨干在无法承受王哲的“高压”政策时居然辞职了，公司的发展受到影响。

这个故事中，王哲迫切成功的欲望，引发了她的浮躁，而她的浮躁成为了导致了她公司业绩的直线下降的导火索，对待员工，她缺少良好的情绪，甚至表现得非常苛刻，最终导致了公司濒临瓦解。而她也不得不面对由于着急的浮躁带来的危机，品尝浮躁酿成的苦果。浮躁对我们的生活影响越来越严重，而其表现也越来越强烈，最终导致出现心神不宁、焦躁不安、盲动盲从等情况，让自己离幸福越来越远。

浮躁还会导致人们做事不能坚持，处处分心，以至于一事无成，可以说，浮躁是败事之源。荀子说："锲而不舍，金石可镂。锲而舍之，朽木不折。"人要取得成功，就一定要戒骄戒躁，将全部的精力与心力放在一个目标上。在现实生活中，我们看到尽管很多人很聪明，但是心存浮躁，做事不用心，没有意志与恒心，大多数只能是一事无成。

我们都知道《揠苗助长》的故事，宋国一个农民，为了让自家田里的禾苗长得高些，就把禾苗一棵一棵地往上拔。拔完之后，他回到家里对家人说："今天太累了，田里的禾苗都在我的帮助下长高了。"而他的儿子听到后，跑到田里去看，只见到田里的禾苗都枯萎了。这就是浮躁带来的苦果。急于求成不但不会获得想要的结果，而且还会"坏事"，浮躁引发的只是盲目的幸福，只能让我们离幸福越来越远。

有一个小孩，非常喜欢动物。他非常渴望知道蝴蝶是怎样从蛹壳里出来，变成翩翩飞舞的蝴蝶的。有一次，他发现了一个蝶蛹，于是，带回家里时刻观察着。几天之后，这个小孩终于看到了蛹出现了一道裂缝，蝴蝶正在里面不断挣扎，想撞破蛹壳飞出来。

但是，就这样几个小时过去后，蝴蝶依然还在辛苦的拼命挣扎，始终没有钻出来。而这个小孩心里非常着急，于是，就用剪刀把蛹剪开一个洞，让蝴蝶能够破蛹而出。

尽管，在小孩的帮助下，蝴蝶是出来了，但是，它却因为翅膀不够有力而变得非常臃肿，始终无法飞起来。一只没有经历过破蛹而出的艰难过程的蝴蝶，它只能在地上爬，永远无法飞起来。之所以要蝴蝶自己破蛹而出，就是要它在挣扎的过程中使翅膀得到锻炼，当它飞出蛹壳的时候，就会一飞冲天。但是小孩本想帮蝴蝶的忙，没想却帮了倒忙，反而害了蝴蝶。所以说，急于求成的结果只会是失败。而浮躁是让我们急于求成心理的根源，只有远离浮躁，我们才能真正地脚踏实地地去生活，去工作，才能真正地不断接近我们想要的幸福。

总之，浮躁是败事之源，而远离浮躁的方法就是要引导我们的欲望，让欲望成为我们的动力，而不是牵绊。只要我们能够坚持，真正的静下心来，认真地去生活、工作，我们做的会比现在好得多。也只有拭去心灵深处的浮躁，才能找到每个人心底的幸福和快乐。只要你愿意，你随时都可以支取。在很多时候，我们都急需在心中添把火，以燃起某些希望；而在某些时候，我们需要在心中洒点水，习惯等待，以浇灭某些急于求成的欲望……

欲望让很多人变得浮躁，变得对小事不屑一顾，只想做大事，一举成功，名利双收！这对很多人来说自然是不切实际的，毕竟对大多数人来说，能够做好生活中的每件小事，都是一种成功，更是一种难得的幸福。

对军人而言，战场上无小事。而“战场上无小事”同样适用于企业，适用于企业中的每一位员工，因为，在工作中也没有小事。一个人小事做不好，工作粗枝大叶，是难以成就一番大事业的。况且芸芸众生，能做大事的机会实在少而又少，多数人的多数情况是做一些具体小事、琐碎的事、单调的事。也许过于平淡，也许鸡毛蒜皮，但这就是工作，这就是成就大事的不可缺少的基础。

在工作中，没有任何一件事情，小到可以被抛弃；没有任何一个细节，细到应该被忽略。同样是做小事，不同的人会有不同的体会和成就。不屑于做小事的人做起事来十分消极，不过是在工作中混时间；而积极的人则会安心工作，把做小事作为锻炼自己、深入了解单位情况、加强业务知识、熟悉工作内容的机会，利用小事去多方面体会，增强自己的判断能力和思考能力。大事是由众多的小事积累而成的，忽略了小事就难成大事。从小事开始，逐渐锻炼意志，增长智慧，日后才能做大事，而眼高手低者，是永远干不成大事的。通过小事，可以折射出你的综合素质，以及你区别于他人的特点。从干小事中见精神，得认可，“以小见大”，赢得人们的信任了，你才能得到干大事的机会。

事实上，我们工作中出现的问题，的确只是一些细节、小事上做的不完全到位，而恰恰是这些细节的不到位，又常常会造成较大影响。对很多事情来说，执行上的一点点差距，往往会导致结果上出现很大的差别。这很多时候都是由于浮躁引起的。

远离欲望，常怀感恩

在生活中，每个人都会或多或少地遇到一些磨难，甚至会活得很辛苦，每个人都有着这样的失意、那样的挫折：要活，要吃，要穿，便要去找工作，去挣钱，去养活自己也养活家人；要等着评职称，晋级，涨工资，买房子；要去面对生活中的种种琐事；还要应对高考落榜，下岗失业，病痛折磨等不测。

然而，这一切其实并不可怕。终有一天这些都会成为过去，我们会迎来新的生活。可怕的是，也许有那么一天，我们对生活失去了热情，那样我们的日子就会忧伤，生活就会没有亮点，一切就会索然无味。

如果你有一个很好的工作，有一个很和谐的婚姻，孩子聪明乖巧，父母身体健康，经济状况也不错，也有很好的朋友，可是，你还是觉得有好多的烦恼，那就是你不知足，不懂感恩了。在这个世界上不是所有的人都有食品，不是所有的人都拥有健康的身体，风雨交加的日子里，有的人没有房子可以遮风挡雨；夜幕落下的时刻，有的人没有灯光可以照明……因此，如果你衣食无忧，你就应该拥有一颗“感恩”的心。善于发现事物的美好，感受平凡中的美丽，我们就会以坦荡的心境、开阔的胸怀来应对生活中的酸甜苦辣，让原本平淡的生活焕发出迷人的光彩。

其实，“感恩”不一定要感谢大恩大德，“感恩”是一种生活态度，一种善于发现美并欣赏美的道德情操。人生在世，不如意事十有八九。

如果我们囿于这种“不如意”之中，终日惴惴不安，那生活就会索然无趣。

有时候，有工作可做也是一种幸福。每一份工作其实都有它的乐趣，对工作我们也应该学会珍惜。

当我们埋头工作了许多时日，终于在某一时刻圆满地完成了预想的工作时，我们站起身来，推开窗，恰好这一天外面是蓝天白云，鸟语花香，那么，不要忽略了这一刻，这就是幸福。慢慢品味它，享受它，并且收藏它吧。

人的一生，是一个不断感动的过程，也是一个不断寻找自我的过程。我们只有在真切面对自我的时候，才会由衷地感动。起床、吃饭、工作、游戏、休息、交友、恋爱、结婚，最后安眠……这些实实在在的环节让我们领略生活的乐趣，缺少哪一样都不行。琐屑表现我们生存的安妥，生活乐趣应从微小事物中去寻求：美味的食物，真诚的友谊，温煦的阳光，欢愉的微笑。除非获得你的允许，没有人能够令你苦恼。

有一天，俄国作家索洛古勒对列夫·托尔斯泰说：“您真幸福，您所爱的一切您都有了。”托尔斯泰说：“不，我并不具有我所爱的一切，只是我所有的一切都是我所爱的。”

也许是生活的压力太大，有些人说：“活着，真累。”也许是遇到不顺的事太多，有些人说：“活着，真烦。”也许是对柴米油盐的平凡生活厌倦了，有些人说：“活着，真没劲。”这里，有一个如何认识生活的问题，也有一个如何调整自己心境的问题。生活是真实而粗糙的，它不会总是一帆风顺，也不会总是充满着戏剧性的高潮，更多的时候它是平凡琐碎的，甚至显得沉闷，我们不可能指望它天天都如狂欢节一般，而我们能够做的就是拥有一种好的心态。不对生活抱有不切实际的幻想，就不会太痛苦和失望……

印度有一个古老的故事，说佛祖为了消除人们的疾苦，就从人间选了100个自以为最痛苦的人,让他们把自己的痛苦写在纸上。写完后,佛祖说:“现在，请你们把手中的纸条相互交换一下。”结果，这100个人交换看了别人的纸条之后,个个都非常震惊:过去总以为自己是最“不幸”的人，现在才知道很多人比自己更痛苦，那么，自己还有什么理由消沉呢?

我们都多多少少得到过生活的恩惠，接受过他人的帮助，可我们是不是都用心记住了这些，并因此多了一份感恩之情呢？如果你有一颗感恩之心，生活便会在你的眼里变得越来越美好。如果你带着感恩的心情去工作，而不以挣钱为目的，你带着感恩的心情去爱，而忘记所有人对你的伤害，那么，你就会觉得生活着的这个世界，就好像是天堂。

不抱怨的人最幸福

人生不如意事十有八九，生活中少一些抱怨，少一些不满，将我们的怨气，将我们的不满化作我们的斗志，去争取成功。一个没有抱怨的世界，才能让生活充满希望，才能让自己走向幸福！幸福只是一种心态，重要的是我们远离抱怨，远离悲观，将不满化作动力，相信很快我们就可以走出抱怨，走向幸福！

在现实生活中，我们常常听到人们抱怨工作不顺利，并对自己的生活状况不满。实际上，很多时候这是由于我们没有清楚地衡量自己的能力、兴趣、经验，给自己设下太多的障碍，而这些障碍是很难逾越的。当我们面对这些障碍的时候，就难免对现实产生抱怨了。

有两个漂泊在大海上的人，都想找一块适合生存的地方。有一天，他们发现了一座无人的荒岛，岛上的虫蛇非常多，时时处处都潜伏着危机，生活环境十分恶劣。

其中一个人说："我决定就在这里定居了。这个地方尽管现在不太好，但将来一定会是个好地方。"而另一个人对这个地方十分不满："这算什么生活的地方啊，到处都是虫蛇，危险重重，还得进行建设，环境太恶劣了！我不在这种鬼地方生活！"。于是他继续漂泊。他很快找到了一座鲜花烂漫的小岛，岛上已有很多人家，这些人家是18世纪海盗的后裔，经过了几代人的努力将小岛建成了一座美丽的大花园。他于是在这里做小工，很快也就富裕了起来，生活过得还算可以。

很多年过去了，机缘巧合，在一次旅行中他路过了那座他曾经放弃的荒岛，他决定去拜访一下当年的朋友。但是，岛上的一切让他一直在怀疑走错了地方：漂亮的屋舍，广阔的田畴，健壮的青年，活泼的孩子……

朋友因劳累过早衰老了，但是精神却很好。特别是说起变荒岛为乐园的经历时，更是津津乐道。最后，朋友指着整个岛自豪地说："这一切，是我用双手创造的，这是我的小岛。"曾错过这个小岛的人，一时语塞。

但错过小岛的这个人并没有一丝悔意，还抱怨说："为什么上天这么照顾你，当时我如果留在这个岛上，也许会比现在还要好。"

生活中，有的人少了抱怨，多了些许的奋斗，于是，他的生活变得充满希望和幸福；但是，有的人缺少艰苦奋斗和拼搏的精神，终日在抱怨中生活，抱怨现实，不满上天，他的生活一团糟糕。有的人喜欢把不满挂在嘴边，时时刻刻怀着不满的心看现实，他们从来不会问自己付出过什么。抱怨是他们发泄不满的一种方式，是一种很消极的处世态度，与其抱怨，不如勇敢地面对现实，用自己的双手创造出属于自己的美丽小岛！

曾经，有个著名的寺院，寺院里有一个脾气古怪的主持，这个主持在寺院定了一个非常特别的规矩：每年到年底的时候，每个和尚都要面对主持说两个字。

有一个人到寺院出家了，很快一年过去了，年底的时候，主持问：你心里最想说的是什么？新和尚回答："床硬！"第二年，主持又问了那个和尚心里最想说什么，那个和尚说："食劣！"第三年年底的时候，还没等主持问的时候，那个和尚说："告辞！"主持望着和尚远去的背影自言自语道："心中有魔，难成正果！惜哉！惜哉！"

生活也是这样，不管做什么事，只要我们远离抱怨，将我们的抱怨,化作我们前进的动力。这个世上就没有过不去的火焰山。风雨过后，才会见到彩虹，我们只有走出抱怨，才能体会到生活的幸福。

泰戈尔说：如果错过了太阳时你流了泪，那么你也要错过群星了；如果稍有不顺，你就让不满左右自己的情绪，那么你失去的将会更多!一个让自己快乐的工作的人，一定能将工作做好，这也是幸福的前提。在我们抱怨的时候，何不学着把看事情的角度稍稍修正，将自己从心魔中解脱出来，站在另一个角落看自己。走出抱怨，才能让我们走向幸福。

第六章 控制贪婪 把握现实的幸福

贪婪是人心中的一种顽疾，是欲望无止境时的表现。当已经得到不少时，仍指望能得到更多，因此贪婪是一切罪恶之源。它能令人忘却一切，也能令人丧失理智，做出愚昧不堪的行为。大千世界，万种诱惑，什么都想要，那是不可能的。因此，我们真正应当采取的态度是：控制贪婪，适可而止，把握已有的幸福。

欲海难填

英国的埃米尔·左拉曾经说过："贪婪是奔向悬崖的失控野马，会把你人生的马车带入深渊；贪婪是欲望为自己挖掘的坟墓，将会埋葬你美好的前程。"的确如此，贪婪诠释了"人心不足蛇吞象"的人性弱点，尤其是女性，严重的虚荣心导致了她们过分的贪婪，其实，我们所拥有的并不少，只是我们的欲望太多，所以才导致了我们严重的心理贫穷，如果不懂得知足，就算给你全世界，恐怕你也不会幸福！

看见别人的一部名牌小轿车，你会心想：为什么我不能拥有？看见别人一所豪华别墅，或许你想要拥有的欲望会一阵强过一阵……可面对欲望，人往往会变得开始贪婪，而一旦掉进贪婪的陷阱，就如同坠入万丈深渊，万劫不复，而且，贪婪到极致，贪婪就等于虚无。

有这么一个国王，年复一年，漂亮的王妃们为他生了一大堆可爱的王子，可是却没有一个公主，为此喜欢女儿的国王总是郁郁寡欢。后来，他最宠爱的一个贵妃为他生下了一位漂亮的公主。国王是整天乐得合不拢嘴，对小公主更是疼爱有加，视如掌上明珠，真是捧在掌心怕摔了，含在嘴里怕坏了，舍不得训斥一句。凡是公主想要什么东西，国王一定是竭尽全力满足她的要求，就是在夏天，公主想要雪人，他恨不得给她堆上一百个，为的是看见公主灿烂的笑脸。

公主在国王的精心关爱下，转眼间就长成了豆蔻年华的少女，而且越发地会打扮自己，在国王看来，本来就十分漂亮的公主就如同是仙女下凡，他舍不得让公主受一丁点委屈。春雨初霁的一个早晨，公主带着几个丫环婢女在宫中的花园里游玩。只见树上的花朵经过雨水的滋润，愈发地娇艳夺人，多情的鸟儿在树上唱着清脆悦耳的歌声，蓊郁的树木，翠绿得让眼睛舒服到了极致。突然，公主被荷花池里的奇观吸引住了，原来荷花池里正冒出一颗颗状如珍珠的水泡，晶莹剔透，闪耀夺目。公主看得眼都不眨，甚至突发奇想："如果把这些漂亮的水泡编织成花环，那一定是世界上最美丽的。"想到这里，公主就觉得自己已经戴上那耀眼的花环了，而且她是全世界最美丽的女人。

她下定了决心，下令让婢女把水泡捞上来，但是事与愿违，那些婢女刚碰到晶莹如珍珠的水泡，水泡霎时就破了。整整半天，宫女们没有捞上来一颗水泡。把公主气得浑身打颤。无奈之下，她想起了自己无所不能的父亲。于是，急匆匆地拉着父王来到了荷花池边，对着一池闪闪发光的水泡撒娇说：

"父王！您一向可是最疼我的哦，您答应过我的，不管我要什么东西，您都会竭尽全力给我办到的啊！现在我想要一串水泡编成的花环，这样戴在头上，我一定是你最漂亮的女儿！"

"我的傻女儿，水泡只是一些虚幻的东西，根本是做不成花环的。我派人另外给你找一些世上最珍贵，最奇特的珍珠水晶，水晶编成的花环一定是世界上最美丽的花环！"国王疼爱地看着自己的女儿说，但语气中，却没有丝毫的责备。

"不嘛！我就要水泡花环，如果您不想给我，那我就觉得你说话不算话，根本不配做一个好的父亲，我也就不想活了，"公主哭着闹着，国王是看在眼里，急在心上，无奈之下就把所有的大臣召集到宫殿里来说："我的爱卿们，我现在有一件事想要拜托各位，我知道你们都号称是世界上的奇工巧匠，所以我想你们一定也有办法满足公主的愿望，如果你们谁有办法用水泡编织成花环送给公主，我会重重有赏。”

大臣们面面相觑，他们根本没有想到，国王也会和公主一样愚昧无知。

一位大臣唯唯诺诺的说：“报告陛下！水泡一碰即破，怎么能够拿来制作花环呢？”

“哼，亏得你们说得出口，你们难道忘记了平时我是如何对待你们的，可是今天你们连我女儿一个小小的愿望都满足不了，还配做我的大臣吗？”国王大发雷霆。

“陛下请息怒，我有办法替公主用水泡编成花环，可是您知道我两眼昏花，实在是分不清荷花池里的水珠哪些看起来比较均匀，比较适合做花环？所以我能否请公主亲自挑选，然后交给我来编织。”一位跟随国王出生入死，并且人生经验非常丰富的大臣告诉大王说。

公主听了，兴高采烈地拿起瓢子，弯下腰身，认真地挑选自己中意的水泡。本来光灿灿的水泡，经公主轻轻地一碰，就变为泡影。结果公主费的气力不小，却没有捞到一颗水泡。

我们都知道，公主的水泡花环根本就不可能编织得出来。可以想象最后公主将会是何等的失望，一向衣食无忧，呼风唤雨的她也有得不到的东西，其实从深层次来说，公主贪婪的是一些虚无的东西，一旦贪婪到了极致，什么都将是虚无。公主正是被贪婪蒙蔽了眼睛，才闹出了这么一个大笑话。

现代生活中的我们，有很多人都有着公主一样的贪婪，过分的追逐，只能让自己陷入痛苦的深渊。然而，有很多女人面对金钱总是爱不释手，严重的虚荣心使她们不能够心如止水，贪婪到了极致，结果到了最后是一无所有，因为贪婪到了极致就是虚无，就是水泡。如此的贪婪，又怎么能够带来幸福呢？

贪婪即是祸端

托尔斯泰曾经说过："欲望越少，人生就越幸福。"古往今来，有很多人欲壑难填，又有很多人被贪欲灼伤，可以这样说，欲望越多，就越容易导致祸端。

俄亥俄州的亚历山大商场曾经发生过一起盗窃案，共丢失8只金表，造成6万美元的损失。在当时这是个非常庞大的数目。

就在案子还在侦破中，一个名叫罗森的纽约商人到此批货，随身挟带了大量的现金。他来到下榻的酒店后，办理了贵重物品的保存手续，然后将现金存进了酒店的保险柜里，一切都办好之后就出门吃早餐去了。

在咖啡厅里，他听到邻桌的人在讨论前几天发生的盗窃案件，由于是当时的新闻，他也并没有太在意。

吃午饭时，他又听见有人谈及此事，他们还说有人花1万美元买了两只金表，转手把金表卖掉净赚3万美元，有人不无羡慕地说："要是我能遇上，不知道有多幸福！"

然而罗森听到这些，却有些怀疑："会有这样好的事情？"

到了晚餐的时候，金表的话题竟然又被人提起，他吃完饭就回到房间，突然接到一个神秘的电话："你是否对金表感兴趣？老实跟你讲，我知道你是个做大生意的商人，如果你对此感兴趣，我们可以协商一下，如果对品质有怀疑，你可以去附近的珠宝店进行鉴定，怎样？"

罗森听到后，不禁大为心动，他思量着做成这笔生意可得到的利润要比一般生意优厚几倍多，于是他答应和对方当面商谈，最后用4万美元买下传说中8只被盗金表的其中3只。

可是第二天，他仔细观察金表，总感觉有些不对劲，于是他把金表拿到熟人那里做鉴定，鉴定的结果是3只金表都是赝品，全部价值不过2000元。直到这群骗子落入法网后，罗森才明白，从他进入酒店起就被这伙骗子盯上了，他一整天听到的关于金表的话题，也都是他们故意设计的圈套。

因为贪婪而迷失方向的人随处可见，因为贪婪而丧尽天良的人也比比皆是。贪婪不仅可怕，还会使很多人走向失败。现实中，我们拥有的东西并不少，仅仅因为永不满足的欲望而使自己变得更加贪婪，我们憎恨别人所拥有的一切，我们只为比别人拥有得更多，最后心里产生不平衡，甚至忧愁、愤怒。欲望越多，心里就会越贫穷。

因此，生活中，我们一定要减轻欲望，学会舍弃，只有这样才能克服贪念，获得心理上的安宁。贪婪虽然可以在理性和意志的力量下得到暂时的遏制，但终不能长久。只有从心灵上彻底战胜它，才能得以永恒。虚怀若谷方可无忧无虑，对需求的自足，才会远离烦忧。只有做到这样，才能真正地找到属于自己的幸福！

贪婪，足可以毁掉幸福

人的欲望是无穷无尽的，尤其在商品经济的社会中，对于外部物质世界的占有欲，使得很多人误入歧途。现实生活中，到处都充满着诱惑，人的占有欲就这样被激发起来。

哈佛大学经济学教授丹尼·罗德克说："世界上几乎所有大宗教都有这一条戒律，就是反对贪婪。现实生活中，我们常可听到人们用不屑的口吻说出贪得无厌、贪心不足、贪婪成性等鞭笞贪婪的词汇来。"

可见，贪婪是人性的恶习，是人性中无法隐藏的缺陷。

在动物王国里，狐狸和狼是仇敌，他们一直因为更高的职位与权力而明争暗斗。但是狼比狐狸幸运，狼获得了提升，而狐狸却依然挺立在原来的位置。

如何才能把狼搞垮呢？狐狸绞尽脑汁，终于想出一条计策。

狐狸去探望狼，非常诚恳地对狼说："兄弟，过去我有对不住你的地方，你大人有大量，就多多包涵我吧。"

既然狐狸能够登门承认错误，狼心里就洋洋自得起来，摆出一副大人的姿态说："没有关系，过去的事情就让它过去吧，现在我们应该团结一致向前看。"

狐狸和狼经过一番倾心长谈，还积极地为狼出谋划策，临走的时候还非要给狼留下一点小礼物不可。狼觉得不能伤了狐狸的面子，就收下了礼物，反正狐狸又没有什么企图。

狐狸每过一段时间就来找狼，每次都不忘带一份礼品，不轻不重，狼也渐渐地习以为常了。

有一天，狐狸对狼说："兄弟，现在羊正在与猪争夺一块菜地，羊和我的关系很好，你看可不可以帮羊说句话？"

狼早就知道这件事了，想到也不是什么大事，就帮狐狸办了这事，事后，狐狸带了一大堆礼物来感谢狼。

从此以后，狐狸一次又一次地求狼办事，当然还会给狼越来越多的礼品，不知不觉中，狼离原则也越来越远。

后来有一次，狐狸求狼办一件非常危险的事情，并承诺事成之后必有重谢。狼不答应。狐狸就拿出一个小册子，上面清清楚楚记着狼每次受贿的时间和事由等，这些齐全的证据足可以毁掉狼的前程。迫不得已，狼只好再答应狐狸一次，说好下不为例。

真的没有下一次了，狼东窗事发，它的余生只能在狱中度过了。

欲望可以吞噬我们的情感、理智，甚至是一切。

一般地说，常人所说的贪婪就是一个人对金钱、财富的强烈占有欲。

从本质上说，金钱仅仅是一个工具，当它摇身一变而成为目的时，人类的苦难就降临了。一旦人性中的贪婪被强烈地激发出来，就会把金钱当成自己的目的，也就开始牢牢地被贪婪所控制。"人为财死，鸟为食亡"，在人类历史发展的进程中，可以说贪婪是人类最大的敌人。

知足才会幸福

托尔斯泰曾经讲过这么一个故事：

有一个人想要得到一块土地，地主就对他说，清早，你从这里往外跑，跑一段就插个旗杆，只要你在太阳落山前赶回来，插上旗杆的地就都归你。

于是那个人就拼命地跑，太阳已经偏西了还妄想再跑上一段路程，虽然已经精疲力竭，可是他不小心摔了个跟头，却再也没有起来。有人就在他倒下的地方，随便挖了个坑，把他给埋了。牧师在给他做祷告的时候说："一个人要多少土地呢，就这么大。"正如《伊索寓言》所说："有些人因为贪婪，想得到更多的东西，却把现在所有的也失掉了。"

生活就像是一杯白开水，盛水的杯子华丽与否决定了这个人的贫与富。但是杯子里的水清澈透明，没有颜色没有味道，对任何人都是一样的，在接下来的时间里，你可以任意地加糖、加盐，只要你喜欢。

于是，便有许多人无谓地往杯子里添加各种作料，直到杯子里的水已经溢了出来，最后你喝到嘴里的水却是一种苦涩的味道。

几个人在岸边钓鱼，旁边有游客在欣赏美景。这时只见一名垂钓者把渔竿一扬，钓上好大一条鱼，足有3尺长，落在地上依然翻腾不止。可是垂钓者却摁着大鱼，解下鱼嘴里的渔钩，顺手又将大鱼投进了海里。

周围观看的人们发出了一阵惊叹声，难道如此大的鱼还不能让他满足吗？这个垂钓者的雄心可真够大的。

就在围观者屏息以待之时，垂钓者的渔竿又是一扬，这次钓上来的鱼也不小，足有 2 尺长，垂钓者仍旧是不看一眼，顺手又把鱼丢进了海里。

第三次，垂钓者的渔竿再次扬起，这次钓线末端钩着一条不足 1 尺的小鱼，围观的人们以为这条小鱼也定会被扔进大海，没想到垂钓者却将鱼解下，小心翼翼地放进自己的木桶里。

观看的人百思不得其解，就问垂钓者："你为什么舍大而去小呢？"想不到垂钓者的回答竟是："哦，因为我家里的盘子最大的不过 1 尺长，太大的鱼带回去，盘子盛不下。"

欲望永远都不会满足，不停地诱惑着我们去追逐物欲和金钱，然而过多地追逐利益只会使我们迷失生活的方向，因此，做人千万不要太贪，有贪得无厌就必有得不偿失，只有适可而止、知足常乐的人才是真正的智者。

有人说："谁不知足，谁就不会幸福，即使他是世界的主宰也不例外。"

贪婪就是贪得无厌，是一种过度膨胀的私欲。然而欲望没有止境，就如同人心不足蛇吞象一样，不论是对美食、金钱还是权力等等，永远都得不到满足。因此，当欲望产生时，再大的胃口也无法填满，贪多的结果只能给自己带来更多的烦恼与麻烦。

正如《伊索寓言》里所讲的："有些人因为贪婪，想得到更多的东西，却把现在所有的也失掉了。"

所以，我们应该明白：在生活中，就算是你可以拥有整个世界，一天也不过只能吃三餐。这是人生思索后的一种醒悟，谁懂得其中的含义，谁就过得轻松、活得自在，知足常乐，睡得安稳，走路也会踏实，回首往事也不会存有遗憾。

因此，不论是喜欢一样东西也好，或是喜欢一个位置也罢，与其让自己负累，倒不如轻松去面对，即使放弃或者离开，也会使你学会平静。人生是这样的短暂，我们纵然身在陋巷，也应享受每一段美好的时光。

“身外物，不奢恋”是思悟后的清醒。试想：即使你拥有整个世界，一日三餐，你只能到吃饱为止，一次也只能选择睡一张床，即使一个普通人也可以如此享受。所以，在诱惑面前切记要保持一颗清醒的头脑，因为生活中，鱼和熊掌不可能兼得。

在这个千变万化的社会中，每天我们都会遇到很多的新事物，不要让浮躁的内心被贪婪所占据，不要总觉得别人的东西才是好的，上天对每个人都是公平的，他在为每个人关上一扇窗的同时，也会为他打开另一窗门。眼睛总是盯着别人的幸福，为什么不想想自己所拥有的幸福呢？

珍惜拥有，丢掉自寻烦恼的贪婪和无度，让我们的内心变得平静而轻松，只有这样，我们才能以更乐观的心态去迎接光辉的未来。幸福其实很简单，懂得珍惜拥有，你也就拥有了快乐，懂得珍惜拥有的人，才能让自己的内心从欲望的海洋中解脱出来，才能让自己得到幸福。

简单生活，幸福在不远处

有人把潇洒理解为穿着新潮，痰吐风雅，举止干练，神采飘逸。实际上，这只是浅层次的认识。真正的潇洒，应该是指那种顺境不放纵、逆境不颓唐的超然豁达的精神境界。

生命的过程就如同一次旅行，如果把每一个阶段的“成败得失”全部扛在肩上，今后的路还怎么走？为你的“旧包袱”举行一场葬礼，将它埋葬，与过去的不愉悦快说再见，跟往事干杯吧，用乐观的思想代替悲观，以镇定代替不安，用愉悦代替烦恼。这样，你将在以后的人生旅程中轻装上阵，生活会更加轻松而有质量。

刘心武曾经说过，在五光十色的现代世界中，让我们记住一个古老的真理：活得简单才能活得自由。

简单不是庸碌无为，不是随波逐流，不是与世无争，更不是游戏人生。

简单是一种平凡，但不是平庸；简单是一种平淡，但不是单调。

简单是一份温馨，简单是一种幸福。不求大喜，亦不愿大悲。

简单是一种智慧，是一种经历复杂之后的更上一层楼的彻悟，是一种心灵的净化；简单源于对现实清醒的认识，是来自灵魂深处的表白。

简单是一种美，是一种朴实且散发着灵魂香味的美。在喧嚣的世俗里增加了一份宁静，不做作，不虚饰，洒脱适宜，襟怀豁然。简单不仅给予你一双潇洒和洞穿世事的眼睛，同时也让你拥有一个坦然充实的人生。

简单是“得而不喜，失而不忧”，是心胸宽阔、与人为善，是洒脱，是从容，是追求人生的真正价值。简单人生里的太阳每天都是新的，简单人生无须去刻意追求，自然的都是美的。简单人生是潇洒，是恬淡，是洒脱，是坦荡……

有位哲人曾说过，天底下只有三件事：

一件是“自己的事”，诸如：上不上班，吃什么东西，开不开心，结不结婚，要不要帮助人……自己能安排的都是自己的事。

一件是“别人的事”，诸如：别人好吃懒做，别人婚姻不幸福，别人对我很不满意，我帮助别人，别人却不感激……

一件是“老天爷的事”，诸如：刮风下雨，地震……人能力范围以外的事情，都属于“老天爷”的管辖范围。

人的烦恼就是来自于:忘了自己的事,爱管别人的事,担心“老天爷”的事……

人要轻松自在活得简单很容易：打理好“自己的事”，不去管“别人的事”，不操心“老天爷的事。”

孔子周游列国，有一天看到两个猎人在指手画脚，好像为了一件事而争论得面红耳赤。

孔子便询问他们在争论什么，原来为了一道算术题。矮个儿猎人说三八等于二十四，高个儿猎人坚持说三八二十三，各持己见争论不休，以至于几乎动起手来。

最后，二人打赌请孔子作裁定，并打赌如果谁的答案正确，对方将一天的猎物给胜者。

没想到，孔子竟然叫认为三八等于二十四的矮个儿猎人将猎物交给说三八等于二十三的高个儿猎人。高个儿拿着猎物走了。这种裁判矮个儿当然不服气。

他气愤地说："三八二十四，这是连小孩子都知道的真理，你是圣人却认为三八等于二十三，看样子你也是徒有虚名啊！"

孔子笑道："你说得没错，三八等于二十四是小孩子都懂的真理，你坚持真理就行了，干吗还要与一个根本就不值得认真对待的人，讨论这种再明显不过的问题呢？"

矮个儿猎人似有所思，孔子拍拍他的肩膀，说道："那个人虽然得到了你的猎物，但他却得到了一生的糊涂；你失去了猎物，但得到了深刻的教训。"

矮个儿猎人听了孔圣人的话点了点头。

难得糊涂是一种很高的境界，生活中少些多余的认真和计较，多些自信和信任，多些聪明的糊涂，多些理解和谅解，生活就一定会多些开心、快乐、和谐。

没有最好的生活，生活轻松快乐或生活劳累烦闷，大半是由自己营造出来的。

简单的生活就是对自身、对环境保持真实，发现生活各个方面的合适位置；就是保证有时间做自己想做的事，而不是让时光在烦乱的琐事中流走，要有目的地生活。

简单的生活就是不要让太多的欲望拖着上路，不要总认为别人拥有的自己也应当拥有，终日惶惶不安地迷失在自己制造的种种需求中，在物欲的罗网里苦苦挣扎；简单的生活就是要安于淡泊、远离名利，不要让太多的虚荣不停地抽击生活的陀螺，不要让太多的名利思想遮去心头灿烂的阳光。

简单的生活就是多一些精神上的享受，少一些物质上的烦恼；多一些宽容，少一些忌恨；多一些思考，少一些浮躁。只有这样，才能

在这个芸芸众生的大千世界里，让自己的生活多一些色彩，少一些后悔；多一些朋友，少一些对立；多一些温馨，少一些孤独；对待生活期望值不要太高，这样你才能时时开心，天天快乐。

最简单的生活往往才是最精彩的。因为简单，我们可以省去许多麻烦和烦恼；因为简单，我们可以保留一种轻松，以平静的心态轻装上阵；因为简单，在我们的生命即将终结的时候，我们可以因为没有虚度光阴而品味幸福。

第七章 抛开名利 享受坦然的幸福

人活在世上，无论贫富贵贱，穷达逆顺，都免不了要和名利打交道。当面对它时，作怎么样的选择，这才是最关键的。古人云：宠辱不惊，闲看庭前花开花落；去留无意，漫随天外云卷云舒。然而，在竞争日益激烈，诱惑日趋纷繁的社会里，固守节操、淡泊名利并非易事。只有树立远大理想、乐于奉献的人，才能不重名利得失，经受得住各种考验。

虚怀若谷，海纳百川

凡事往好的方面想，自然会心胸宽大，也较能容纳别人的意见。宽大的心胸，不但可以使人由别的角度去看事情，更能使自己过上悠然自得的日子。

豁达一些，也要大度一些。就拿鞋子来说吧，我们买鞋子都知道要多预留一点空间，否则穿久了，会因脚和鞋子摩擦得太厉害，而起水泡，甚至磨破皮，以致痛苦难忍。又如赴约，应提早 5 分钟或 10 分钟到场，也一定比剩 1 分钟赶到的心情轻松多了。古话有说“宰相肚里能撑船”，英国首相丘吉尔就是最好的例证。他化解愤怒的方法便是幽默。有一次，演说前有 1 位不赞同他的人，递了张纸条给他，上写着“笨蛋”二字，丘吉尔看了之后，并没有生气或不悦，只是拿着那张纸条幽默地说:“我常常接到许多忘了签名的信，今天我第一次接到没有内容，却有签名的信，难道这是他的签名吗？”随后将纸条展示给在座诸位观看，引得哄堂大笑。愤怒是不好的情绪，但大多数的人往往控制不住它，只有少数有智慧、有度量的人才能适时疏导这种不好的情绪。

我们都有过这种经验，就是盛怒之后，再反省一般会发现：“我当时也可以不必那么愤怒的，其实，事情也不是那么严重，不知道他（受气者）现在的感受如何？”但当遇到那种使人愤怒的情景时，往往会按捺不住怒火。于是，我们必须透过日常生活不断地磨炼自己，使自己也拥有化解、疏导愤怒的智慧和能力。由于我们不是顿悟的圣者，便只有靠着“时时勤拂拭，勿使惹尘埃”的功夫，使自己臻于能忍辱、容人的境界。是的，希望我们都能在生命之河的洗练中，慢慢磨去我们坏的习性，使我们也能迈向圆融的人生。

我们应该效法弥勒佛笑口常开的个性，用积极开朗的态度去解决一切问题。在这充满竞争的繁华世界之中，唯有以最自然无争的态度，并处处流露服务他人的意念，才能散发人性至真、至善、至美的光明面。

西方谚语有云：“当你笑时，全世界都跟着你笑，当你哭泣时，只有你一人哭泣。”亦有谚语：“笑门福来。”如果你想要福气的话，在每天出门时就多练习笑容吧。

自古以来很多人多把求名、求官、求利当做终生奋斗的三大目标。三者能得其一，对一般人来说已经终生无憾，若能尽遂人愿，更是幸运之至。然而，从辩证法角度看，有取必有舍，有进必有退，有一得，必有一失，任何获取都需要付出代价。往好的、乐观的方向看，必将会希望无穷；反之，一味地往坏的、悲观的方向看，定觉兴致索然。

平常心态，享受幸福

现代心理学的研究成果显示，现在的人们感到压抑的概率是20世纪50年代的10倍。不管生活多么富裕，贫富差距却总是存在的，你有钱但是还会有许多比你更有钱的人，而人们也比以往任何时候都愿意拿自己跟周围的人进行比较，比来比去，那些处于下风的人心里就会酸溜溜的，那些占了上风的人心里也觉得比别人没强多少。商品时代培育出来的商品意识、商品情结，使人变得比以往更贪婪、更好高骛远。越是看重金钱和物质，人就越不容易满足，心理也变得越脆弱。

其实很多时候，不要面子，会活得更好。面子只是一种表面的尊严，过分维护这种尊严，往往是内心脆弱的表现，会丧失自我。要面子是许多人获得简单的快乐的最大障碍。面子其实是一种虚荣，它和道德相比，只不过是一抹浮云和一阵轻烟罢了。

爱面子实际上正是信心不足的表现，爱面子的人将一直在别人的眼光和尺度中生活，幸福是别人眼里的幸福，痛苦也是别人认为的痛苦，他们全部的生活目标就是简单的一句话：过得比别人好。而真正自信的人，是不会去背负虚荣的十字架的。他们正是在坚韧地、踏实地相信自己，承认自身的价值。

在虚荣的人眼里，孩子在学校里成绩要比别人好，得到的表扬要比别人多，学校的名气要比别人大，学的专业要比别人好，分的单位要比别人强；爱人在单位里地位要比别人高，工资要比别人多，人缘

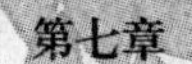

要比别人好，提升要比别人快，部门要比别人显要，成绩要比别人突出，房子面积要比别人大，装修要比别人豪华，地理位置要比别人理想……

而要实现这些目标，就必须比别人更努力地去奋斗、去苦干。但比较是永无止境的，这件事刚比完，那件事又来了。在没完没了的攀比和较量中，我们渐渐失去了本来可以拥有的闲暇和轻松，心情越来越紧张和焦躁，感觉越来越累，快乐越来越少，无休无止的追逐和竞争，让我们身心疲惫。

这又何必呢？人家有人家的生活，你有你的人生，幸福的形式是千差万别的，鞋子合不合脚，只有穿鞋的人自己知道，别人都是毫不知情的旁观者而已。同样的道理，别人的痛苦你感受不到，别人所谓的幸福极有可能只是一种假象。一个住别墅的商人可能欠债百万，一个开奔驰的企业家可能已经濒临破产，一对手挽手走进饭店的夫妻可能刚刚协议离了婚……所以，不要把自己的幸福定位在别人的身上，实实在在地过自己的日子吧。

商品社会使得我们很多人误认为财富就代表着成功，在这种背景中，消费的目的不再是因为需要，而是为了炫耀或是用来证明自己，生活的形式与内容严重脱节。今天张三买了一双名牌皮鞋，你明天一定要去买一双比他更名贵的；明天李四买了一辆汽车，你后天一定要去买一辆比他更高档的；别人的每一次消费，都会触动你敏感的神经。一番折腾下来，尽管你处处都占了上风，也终于博得了别人“羡慕”的眼光，但自己却早已心力交瘁，幸福没有找到，时间和精力却在“表演”中飞速流逝了。

活在别人的标准和眼光之中是一种痛苦，更是一种悲哀。人生本来就很短暂，真正属于自己的快乐更是不多，为什么不能为了自己而完完全全、真真实实地活一次？人的价值是由实力决定的，不是靠作

秀取得的。法国前总理朱佩一次视察某地，拎着个超级市场的塑料袋，接受采访时，这个袋子也一直拎在手上，很自然的样子，没有谁觉得他寒酸，没有谁觉得他不够绅士，相反，人们投给他的都是钦佩的目光。由此可见，身份不是由派头决定的。

现在有些人急切地希望成功，成功后也喜欢炫耀，希望及时挥霍成功果实，其典型表现就是大手大脚花钱给别人看。特别是在熟人和亲友面前，迫切想显示自己的财富。而那些真正成就了事业的人，反而能够在生活中保持一颗平常心。

有一次，亨利·福特到英格兰去，在机场问讯处他询问当地最便宜的旅馆。接待员看了看他，一眼就认出了这个超级富豪——全世界都知道的亨利·福特。就在前一天，报纸上还登出了他的大幅照片，说他要来这儿。

接待员说："要是我没搞错的话，你就是亨利·福特先生。我记得很清楚，我看到过你的照片。"他说："是的。"接待员疑惑不解地对他说："你穿着一件看起来像你一样老的外套，要最便宜的旅馆。我也曾见过你的儿子上这儿来，他总是询问最好的旅馆，他穿的也是最好的衣服。”

亨利·福特说：“是啊，我儿子好出风头，他还没适应生活。对我而言没必要住在昂贵的旅馆里，我在哪儿都是亨利·福特。即便是在最便宜的旅馆里，我也是亨利·福特，这没什么两样。这件外套，是的，这是我父亲的，但这没有关系，我不需要新衣服。即使我赤裸裸地站着，我也是亨利·福特，这根本没关系。”

是的，可能你的外套比亨利·福特的高档，可是，这能说明你比他更有钱吗？可能你住过比亨利·福特更贵的旅馆，可是，这能表示你比他更有身份吗？

在生活中有些人好出风头，总怕别人不知自己的尊姓大名，一逮住机会不是高声炫耀自己的身份，就是到处分发名片，这是虚荣心在作怪。也有一些人不慕外表华丽，而是时时以坚持自我秉性为本，这种人是最谦虚的人，也是最值得尊敬的人。

幸福是一种绝对自我的感觉，只要你觉得自己是幸福的，你就是幸福的；反之，如果自己感觉不到幸福，无论在别人的眼里如何风光，你的心里仍然会是一片冰凉。不同的人有不同的活法，不同的人也有不同的幸福。关键就在于我们是否真的明白，自己这一辈子到底要什么。如果一个人总是得陇望蜀或盲目攀比，那他永远都不会幸福和快乐。

懂得珍惜，收获幸福

人都会有珍惜的情感。父母珍惜儿女，热恋男女珍惜爱情，创作者珍惜自己的作品，临终病人珍惜仅剩的时光。若能以这样的情感对待生活中的每一天、每件事，那么，人生会变得有其存在的意义与价值了。

一件事情，随便地完成它和小心地完成它其结果或许一样，但感受绝对不同。前者可能是无奈与厌烦，后者必然是欣喜与快乐。

一名家庭主妇因为家庭矛盾，一时想不开，而喝农药自杀未遂。虽身体受到极大的伤害，但因此反省了愚蠢的行为，开始懂得珍惜生命。她不仅到医院当义工，现身说法劝慰自杀未遂的人，还学习一些从未接触过的技艺，生活过得很充实、很满足。

不懂得珍惜时，她的生活很惨淡；懂得珍惜后，她的生活变得有光彩了。

珍惜，对任何人来说，都是应该具有的情感。你珍惜了生命，生命方能长久。你珍惜了家人、朋友的情感，尊重他们，关心他们，你便会在友善的交流之中，获得快乐和幸福。

生活中常常会出现一些不如意的事。这是正常的，它绝不是改变我们对幸福体验的借口，须知，幸福是朴实的。它存在于生活中的每时每刻。要获得幸福并不难，只需要你有一颗懂得欣赏，充满感激的、安宁的心。

几位朋友聊天，大家都不约而同地提到了“幸福”二字。然而，居然有一半人觉得自己不幸福。

晶说：依我看，幸福就是能随心所欲。所以，我羡慕那些有丰厚经济基础的人，衣食无忧，不为生活所迫，可尽最大可能地满足自己的心愿。

凯说：我认为，幸福就是享福。我总是觉得很多人都比我幸福。人家嫁了个好老公，能干又体贴；人家自己创业成功，从此不再受老板的气；人家有份好工作，可以出去见世面；人家……

云说：我觉得，幸福就是能够心想事成。可是你看我，虽然有个不错的男友，但他在外地工作；虽然有个喜欢的职业，但是压力太大；虽然攒够了钱想去巴黎，但是一直抽不出时间；还有……

真的吗？幸福真的这么难寻？为什么很多人眼里的幸福，都在别的人身上出现。

在洛杉矶的圣塔莫尼卡海滩上有一对韩国老夫妇，拎着小麻袋往一处海鸟栖息地走去。那天，天空很蓝。海面翻卷着白浪。在一个高出海滩的土坡上，有成群的白色海鸟起起落落。那对老夫妇走到这里，从小麻袋里掏出食物喂它们。看得出来，老夫妇和这些海鸟很熟，因为，几乎每一只鸟他们都能叫得出名字来，还指指点点说，哪只鸟最调皮，哪只鸟最近刚做了妈妈。原来，老夫妇住在这里已经 7 年多了，7 年中的每一天下午，他们都会来喂海鸟。“我们都觉得这是生命中的幸福时光。”老夫妇说：“大自然这么美，我们觉得只有做点什么才能回馈。”

现在，回过头来再想“幸福”二字，有的时候，是不是因为我们过于物质化，而人为地夸大了幸福的标准，把幸福当做是一件可以炫耀的外衣？或者说，我们眼里的幸福，太多地与个人物质欲望的满足联系在一起，以至于当我们得不到满足，就会心生怨气？也许，正是

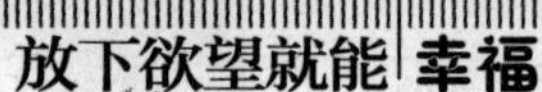

因为我们现有的思维方式和处世方式，影响了我们对幸福的感受。

当然，生活中仍然会有很多的不如意，但这些不如意不足以改变我们对幸福的体验。幸福是一种体验，每个小小心愿的满足，都能带来美好的感觉。比如，有人认为付出爱是一种幸福：有人认为分担苦恼是一种幸福；有人认为愿意一直等着你也是一种幸福……

想一想能够让我们感到幸福的那一刻：第一次见到大海，站在海边久久地享受着温柔的海风；又饥又累的旅行途中，吃了一顿香喷喷的饭；燥热的夏日午后，坐在清凉的家中做自己喜欢做的事；和男友重归于好，他轻轻地给了你一个承诺……啊，幸福太多了。幸福是每一个人都憧憬和向往的。

有意义的生活才幸福

三毛在她的一篇文章里写道："一个有责任的人，是没有死亡的权利的。"确实，活着是一种责任，对每一个爱你的人来说，活着就是对他们最大的报答。像没有权利选择生一样，我们也没有权利选择死。因为，生命不是我们自己的。

那些深陷苦境中的人也许会这样想："死了算了，自己也就没有痛苦、没有忧愁了。"那么你想过那些活着的爱你的人有多痛苦吗？陶渊明曾说过："死者长已矣，生者常戚戚。"确实，死亡，对于去了的人来说也许是一种解脱，而对于留下来的人来说，将是无尽的痛苦。所以，无论你现在的处境是多么糟糕，你都不能选择死亡来寻求解脱。选择死亡是一种极其不负责的行为。为了爱你的人和你爱的人，我们必须得好好活着。因为"爱"没有错。

晓玲，一个亲眼目睹了生离死别的人，真正懂得了好好活下去意义有多大，活着是一种责任。

晓玲 19 岁那年，无休止地生病，那整整一年的时间，病情一层一层地把她跟外面隔离。在那样的日子里，她感觉自己生不如死。那是一个冬天的夜晚，她打翻了药瓶，100 多粒白色药片洒满了房间。她无奈地跪在冰凉的水泥地上，边拣边哭。那时，她唯一的想法就是死，死了算了。于是，她吃下了几个月才吃得下的药片后割了手腕。她在昏迷了两天之后被救了过来。

醒来的时候，她看见的是一个洁白的世界和那么多带着泪水的笑脸，很多亲人、朋友都在她的身边。当她看见刚毅的父亲、母亲悲痛欲绝的样子，她一下子就明白了生命其实不是她一个人的。

人活着，是一种责任，该守住生命的时候再难也要撑下去。我们没有理由放弃生命，因为在亲人眼里，我们活着就好。

岚患了乳腺癌，手术后就完全垮掉了，每天忧郁地望着窗外。无休无止的化疗使她忍受着常人难以忍受的痛苦，所以她曾说："与其这样活着还不如死了。"但她13岁女儿的话使她彻底改变了这种想法。她说："我不仅要活着，而且我还要更好地活下去。"

事情发生在星期天，女儿比平时晚了6个小时来看她。女儿的脸因为赶路红红的，但她仍兴奋地说，"妈妈，今天我自己一个人去看望姥姥了，而且买了和以前一样的东西送给姥姥。"

岚听了女儿的话，顿时眼睛湿润了，但是她忍住了。她陷入了沉思，从她家到她母亲家，是一条挺远的路，要倒三次公共汽车，还要走一段路。从前，自己经常领着女儿到娘家去。路上，则停在一个小店里，买一些老人爱吃的东西。想不到，孩子都记住了，包括那么复杂的路线。路上车子那么多，女儿刚刚13岁，万一……她自己不敢想下去了。

女儿又对岚说，“妈妈呀，到姥姥家的路上我害怕极了，但我一想到你，胆子就壮大了。想我能自己看姥姥了，你一定高兴，说不定病就好了！”

岚听到这里，一下子忍不住了，大哭起来。女儿被母亲的这一举动吓坏了，连忙说：“妈妈，我不好，惹你生气了。”岚说：“不是你的错，是我高兴得哭了。”

从那以后，她再也不自暴自弃了，她咬紧牙关向困难挑战。她深深懂得了生命不是自己的，自己还要为女儿、丈夫以及所有爱自己的人负责。

我们，尽管卑微，尽管有痛苦和无奈，但没有任何权利去轻视生命。因为亲人们宁愿自己忍受痛苦和折磨，也要换来你坚强地活着。所以，无论是谁，无论遇到多大的困难，都要珍爱自己的生命。

生命最美，快乐最贵

功成名就从一定意义上讲并不难，只要用勤奋和辛劳就可以换取，就是需要把别人喝咖啡的时间都用来拼搏。就一般情况而言，你多得一份功名利禄，就会少得一份轻松悠闲。而一切名利，都会像过眼烟云，终究会逝去，人生最重要的，还是一个温馨的家和脚下一片坚实的土地。

旷世巨作《飘》的作者玛格丽特·米契尔说过："直到你失去了名誉以后，你才会知道这玩意儿有多累赘，才会知道真正的自由是什么。"盛名之下，是一颗活得很累的心，因为它只是在为别人而活着。我们常羡慕那些名人的风光，可我们是否了解他们的苦衷？其实大家都一样，希望能活出自我，能活出自我的人生才更有意义。

世间有许多诱惑：桂冠、金钱，但那都是身外之物，只有生命最美，快乐最贵。我们要想活得潇洒自在，要想过得幸福快乐，就必须做到：学会淡泊名利享受，割断权与利的联系，无官不去争，有官不去斗；位高不自傲，位低不自卑，欣然享受清心自在的美好时光，这样就会感受到生活的快乐和惬意。否则，太看重权力地位，让一生的快乐都毁在争权夺利中，那就太不值得，也太愚蠢了。

学会以淡泊之心看待权力地位，乃是免遭厄运和痛苦的良方，也是得到人生幸福和快乐的智慧所在。要平和地对待生活中的每一件事，要善意地对待周围的每一个人，要永远保持一种真诚、友爱、宽容、健康的心态，用心去感受生活对我们哪怕是极其微小的恩赐。

从前，在迪河河畔住着一个磨坊主杰克，他是英格兰最快活的人。杰克从早到晚总是忙忙碌碌，同时像云雀一样快活地唱歌。杰克是那样的乐观。以至“感染”了周围的人，他们也都乐观起来了；这一带的人都喜欢谈论杰克愉快的生活方式。有一天，国王也听说了杰克，于是说：“我要去找这个奇怪的磨坊主谈谈。也许他会告诉我怎样才能快乐。”

他一迈进磨坊，就听到磨坊主杰克在唱：“我不羡慕任何人，不羡慕，因为我要多快活，就有多快活。”

“我的朋友，”国王说，“我羡慕你，只要我能像你那样无忧无虑，我愿意和你换个位置。”

杰克笑了，给国王鞠了一躬：“我肯定不和您调换位置，国王陛下。”

“那么，告诉我，”国王说，“是什么使你在这个满是灰尘的磨坊里如此高兴、快活呢？而我，身为国王，却每天都忧心忡忡，烦闷苦恼。”

杰克又笑了，说道：“我不知道你为什么忧郁，但是，我能简单地告诉你，我为什么高兴。我自食其力，我爱我的妻子和孩子，我爱我的朋友们，他们也爱我。我不欠任何人的钱。我为什么不应当快活？这里有这条迪河，每天它使我的磨坊运转，磨坊把谷物磨成面，养育我的妻子、孩子和我。”

“不要再说了。”国王说，“我羡慕你，你这顶落满灰尘的帽子比我这顶金冠更值钱。你的磨坊给你带来的，要比我的王国给我带来的还多。如果有更多的人像你这样，这个世界该是多么美好啊！”

幸福直接与我们自己的心灵有关，而与世俗的一切，与一切的物质都没有什么必然联系。

不要以为幸福直接等于金钱，不要以为幸福就是香车宝马、功名利禄，幸福是有灵性的东西。只有懂得收藏才会懂得品味，只有懂得品味才会抓住幸福。

第八章 勇于放弃 抓住面前的幸福

执著是睿智的追求，固执则是一堵墙，使人封闭自己，看不清外面的世界，世界上有许许多多无形的墙，它建筑在人类的心里。这些墙．隔绝了人与人之间的相处，截开了原该吻合的心灵。有些事，明知道是错的，也要去坚持，因为不甘心放弃。这时候的执著就是固执，它成了一种负担，而放弃就是一种解脱。勇于放弃才能有所收获，否则只能苦了自己。

固执会让你失掉幸福

固执的人大多偏激，偏激的人会以片面的、绝对的眼光看待问题。他们总是戴着有色眼镜，固执己见、以偏概全，钻牛角尖，对别人的规劝和商讨一概拒之不理。

三国时期的关羽，过五关，斩六将，单刀赴会，水淹七军，想必是何等的英雄气概。然而他也有自己的弱点：固执偏激，刚愎自用。在他受刘备的重托留守荆州时，孙权派人来为儿子向关羽的女儿求婚，关羽怒火大发，恶语中伤，以自己个人的好恶与偏激对待事关全局的大事，导致吴蜀联盟的破灭。最终落得个败走麦城，背负身亡的悲惨结局。如果关羽待事的态度中少一点偏激，那么，吴蜀联盟也不至于失败，荆州的归属也该是另一番场面吧！

关羽不但鄙视对手，也不把同僚当回事，有名的大将马超前来从降，刘备封他为平西将军，远在荆州的关羽对此大为不满，立刻给诸葛亮去信，责问说："马超能比得上谁？"老将黄忠被封为后将军，关羽却当着众人的面宣称："大丈夫终不与老兵同列！"盛气凌人且气量狭小、目空一切，其他的人就更不被他放在眼里，很多遭到他蔑视凌辱的将士对他敢怒不敢言，以至众叛亲离。在他陷入绝境时，最终无人救援，导致他身败名裂。

固执的人往往按照自身的好恶与一时的心血来潮去论人论事，缺少理性的态度与客观的标准。

在我们的现实生活中，常常有某些偏执的人，他们不能正确地对待他人，也不能正确地对待自己。他们极度的感觉过敏，对侮辱和伤害耿耿于怀；思想行为固执死板，敏感多疑、心胸狭隘；爱嫉妒，看到别人做出成绩，有了名气，就会感到紧张不安，不是寻衅争吵，就是在背后说风凉话，或公开抱怨和指责别人等等。看到别人不如自己，又会冷嘲热讽，灭别人士气长自己威风。处处都要别人尊重自己，唯我独尊。面对重大问题，常常意气用事，主观武断、我行我素。这种人在家不能和睦，在外不能与朋友、同事相处融洽，别人只好对他敬而远之，恐怕在社会上是很难立足的。

固执状态是一种走极端的不理性的状态，出现这种状态正好反映出人的理性不成熟或理性衰败。因此,固执是理性贫乏或理性扭曲的结果。而固执型的人根本无法保持内心宁静和幸福，他们也无法获得精神活力，他们是自我的独裁者，压迫者和限制者。假如固执型的人不努力改变自己的性格，他们一定会给自己的生活带来极为复杂的不良后果。

这个世界是很复杂而多面的。没有一个人能够完全了解这个世界，从这一点来说，任何人对于这个世界的认知都是片面的，我们所关注的事物，也许只是事物的一面或者几面。所以，交流和沟通才显得如此重要，我们需要了解他人的观点以修正自己的偏差，我们需要不同的声音出现。

有一位牧师对上帝十分虔诚，邻人都很尊敬他，因为他是圣人的典范。一天，突然天降大雨，倾盆大雨接连不断地下了二十几天，水位上涨,牧师不得不爬上了教堂的屋顶。正当他在那里冻得瑟瑟发抖时，有个人划着船过来，对他说：“神父，到船上来，我带你到高地去。”

牧师看了他一眼，说道：“我一直都是按照上帝的旨意做事，我是上帝的仆人，所以我真诚地相信上帝，你还是驾船离开吧，我将留在这里，上帝会来救我的。”

那人划着船走了。过了两天，水位升得更高，牧师死死地抱着教堂的塔顶，它的周围，水在打着旋转。这时候，有一架直升机来了，飞行员对他大喊：“快点，神父，我会放下吊架，你把吊带在身上系牢，我们会将你带到安全地带。”对此牧师说道：“不，不。”他再一次讲述了他毕生的工作与他对上帝的信仰。这样，直升机也飞走了，几个小时过后，牧师被大水冲走，淹死了。

因为他是一个好人，所以直接升入天堂，他对自己最后的遭遇有些生气，到了天堂时，情绪非常不好。他怒气冲冲地在天堂中走着，突然遇见了上帝，上帝对他说：“麦克唐纳神父，欢迎您！”老牧师凝视着上帝说：“40年来，我一直都遵照您的旨意做事，有过之而无不及，而当我最需要您的帮助时，您却让我淹死了。”

上帝听后微笑着说：“哦，请原谅，神父，我确信我派了一只船和一架直升机去救您，是您的固执害了您。”

固执的人坚持己见，不会变通，因此经常忠奸不辨，正邪不分。没有见识，就不能观其人，察其行，听其言，因而就不能知己知彼、客观公正地判断一切人和事，这般势必会后患无穷。

于常人来说，过于固执，不肯放弃，必然会为欲望所累，葬送自己的幸福。

简单就会快乐

很多人为了生活，工作，学习等等，终日废寝忘食，孜孜不倦，但是，却不明白自己到底为什么要这样做，自己到底想要什么？当取得了一个又一个的成绩，一张又一张的证书的时候，心里反而是空荡荡的。

或许，你也曾思考过，或许，你也曾迷茫过。那么，到底，你在追求什么？也许，很多人至今没有找到适合自己的答案。对大多数人来说，无非追求的就是幸福。那么，幸福是什么？首先，幸福不应该是欲望的目的，幸福只是一种感悟，而欲望，则是一种目的。

我们不断努力实现自己的目标，为的就是幸福。当我们面对目标，劳累的时候，不妨放下自己的固执和坚持，喘一口气，享受一下生活，这难道不是一种幸福吗？

安妮花了 5 年时间思考，今年终于决定改变工作，重新安顿身与心，她领悟到，工作中的快不快乐，可能只是 5.1 比 4.9 的微差而已，中间有个阶梯，你可能爬到中间的梯子拥有恰好的平衡，也可能只走了一阶。即使如此，你也在进步，平衡尺上的浮瓣又往前游移一格。

安妮有个生命平衡法则，用来制衡工作与生活。她将生命切成健康、时间、自由与快乐四块，视个人状况分配比重以及排序。如果每个元素都不缺，反应到工作中的态度与情绪，就比较平和，因而获得适当的平衡。长期处在平衡中，就能积极正向思考。

具体做法是，如果把事情弄糟时，只允许情绪低落一下子，很快

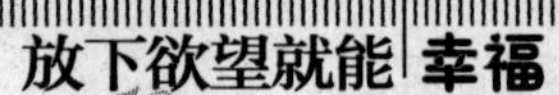

会换个想法，太棒了，我又学到一招，下次又有机会尝试其他处理方法，我不因此认为自己很差劲。

学习工作也要学习休息。

在职场上学习让自己喘口气，是一门学问，郑淑敏是一个中型电脑公司的总经理，她一年至少休一次长达两星期的假，半年内会有几次短短两天的假，不一定出国，有时只是到山里或海边走走。

如果感觉莫名的倦怠迫在眉睫，休假又遥遥无期，试着忙里偷闲吧。一位女作家透露她平时如何排解倦怠：我偶尔请个半天假，溜去街上晃晃、逛书局或找个清幽的咖啡店想事情。在忙碌中留点空间给自己，因为塞得太满容易窒息。

告诉自己：简单，就会快乐。

简单，就会快乐。最好的东西都是最简单的。例如微笑，是最好的生活态度；运动，是身体的最好调养。克服工作倦怠也可以很简单，将想法转个弯，然后行动。

经营之神松下幸之助在他 77 岁的喜寿会场上，公开吐露他永葆青春的两大秘诀：一个是，以单纯的想法和单纯的心看事情；另一个秘诀是，喜欢工作。

不计一时得失

爱耍小聪明的人特别看重眼前利益，把一时的得失看得很重，这样的人看不到长远利益，自然很难做成大事；而那些不计较一时得失的人，果断放弃眼前利益，最终赢得了长远的利益。

只有盯着长远利益，才不会难以割舍眼前的蝇头小利。不计一时得失，这也是成大事者必备的素质之一，原价销售法的创始者就是这样一个人。

岛村芳雄曾经只是一个一贫如洗的店员，但是，后来成为日本东京岛村产业公司及丸芳物产公司董事长。他是如何获得成功的呢？这就不得不说他创造的著名的“原价销售法”，他就是利用这种方法，变成日本一位著名的产业大亨的。

在岛村芳雄刚到东京的时候，他的工作就是在一家包装材料厂当店员，薪水非常少，经常会囊中空空。由于身上没钱买东西，岛村下班后常在街头闲逛，欣赏行人的各种各样的服装以及他们手里所提的东西，对他来说，这可以说是他唯一的乐趣。

有一天，岛村芳雄和平时一样，在街上漫无目的地闲逛。无意中，他发现了一个情况，很多人都提着一个纸袋，这纸袋是商店用来给顾客装东西用的。岛村芳雄的脑中突然闪现出一个想法，他很快就看出这种纸袋的价值，这种纸袋在不久的将来会成为一种流行。他认定这种纸袋会风行一时，于是，想出了一个赚钱的主意。

由于自己一穷二白，没有做生意的经验，也没有可以供自己操作的资金。但是，岛村并没有因此放弃，而是创造了一种新的销售方法，这就是“原价销售法”。先以原价进行销售，这就是说，没有一分钱的利润，简直就是“赔本赚吆喝”。但是，正是他这种“原价销售法”让他在激烈的商业竞争中站稳了脚跟，为将来的发展打下了雄厚的基础。

岛村首先去麻产地冈山的麻绳商场，从那里订购了大量45厘米规格的麻绳，价格是5角钱，然后，将这些麻绳以原价卖给东京一带的纸袋工厂。就这样倒来倒去，看似一直在做赔本的买卖，但是，在这种完全无利润的生意做了一年之后，东京纸袋工厂都知道了岛村的绳索便宜，订货单自然也滚滚而来，岛村这才决定实施第二步计划。

岛村首先拿着购货收据，跑到订货客户处诉苦：“你们看看我的购货收据，一年多来，我一分钱都没有赚到。如果我再这样只是为你们服务的话，我面前只有一条路了，那就是破产了。”

经过交涉，岛村的诚实和信誉打动了客户，客户把交货价格提高为5角5分钱。

接着，岛村又跑到了冈山麻绳厂进行交涉：“我从贵厂定的货一直是一条5角钱，而我一直也是按原价卖给别人，所以，这一年多来才会有这么多的订货。我是在赔本为贵厂招揽生意，如果我继续做下去的话，我只好宣布破产了。”

厂商看到岛村开给客户的收据存根后，显然吓了一跳，这世界上竟然有甘愿做不赚钱生意的人，这是他们第一次看到，于是，厂商们也很快同意了岛村的要求，把价格降低为一条四角五分。

这样一来，岛村当时的交易量一天1000万条，计算一下，岛村一天就可以获得高达100万元的利润。在创业两年后，岛村就以原价销售法成为当时的名人。

那么真正的智者，拥有远大抱负和理想的人，不会计较一时的得失，他们的眼光往往会投向更远的地方，而不是眼前的小利，他们能够清楚地看到一时的损失和未来更大的利益两者之间的区别，他们更容易做出睿智的抉择。

爱耍小聪明的人特别看重眼前利益，把一时的得失看得很重，这样的人看不到长远利益，自然很难做成大事；而那些不计较一时得失的人，果断放弃眼前利益，最终赢得了长远的利益。鼠目寸光者看到的只是眼前小利，而高瞻远瞩者看到的则是长远利益。不计较一时之得失，方能有所收获，人生也是这样，只有勇于放弃不切实际的东西，才能真正收获人生的幸福。

输得起才能赢得起

忧愁，是人在面临不利环境和条件时，所产生的一种情绪抑制。它是一种沉重的精神压力，使人精神沮丧，身心疲惫。我们看那些忧心忡忡的人，愁眉苦脸，唉声叹气，一副暮气沉沉的样子，他们对什么都提不起兴趣，生活成了一种苦刑。恰如高尔基所说：忧愁像磨盘似的，把生活中所有美好的、光明的一切，和生活的幻想所赋予的一切，都碾成枯燥的、单调而刺鼻的烟。

忧愁的人是无法专注于生活的。忧愁也使人神思恍惚，反应减慢，智力水平下降。整天为不如意的事忧虑伤神，大脑长期处于低潮状态，工作自然不会取得成果。忧愁会带来这么多的副作用，所以，我们必须设法摆脱它的困扰。

有时候，忧愁的人常常采取逃避的方法。但事实上问题依然存在，自己只是表面上逃避，内心深处还是放不下，难题成为心头的沉重包袱。对问题看得过重，这实际上是自己给自己增加不必要的精神压力，不敢正视自己的内心，自我封闭。所谓“烦着呢，别理我”，就是这种心态真实的反应。

要想走出忧愁的阴影，亚里士多德有一个解决问题的方式：一是看清事实；二是分析事实；三是决定行事。卡耐基据此提出了清除忧愁的四个步骤，即要弄清的几个问题：一是担忧的是什么；二是能够怎么办；三是我决定怎么做；四是我什么时候做。

卡耐基说："要在忧虑毁了你以前，先改掉忧虑的习惯。"卡耐基提出的一个改掉忧愁习惯的建议就是"让自己忙碌"。他说："忧虑的人一定要让自己沉浸在工作里，否则，只有在绝望中挣扎。"

曾经有个故事：战争中，敌机把家园炸成了废墟，许多人在那里痛哭流涕，悲痛欲绝，而唯有一个男子，默默地从废墟中捡出一块砖，又一块砖，放到一边，准备重建家园。他的行为影响了众人，大家不再哭泣，也默默地捡起来。

的确，生活中我们会遇到许多次退潮，忧愁会成为生命中一时的难以承受之重，要祛除这沉重，达观安然的哲学态度是一剂良方。另一剂良方就是行动，行动可以有效地转移你的注意力，这就是为什么有人在烦恼忧愁时，会去拳击馆或足球场拼命运动。行动会使你找回自信和力量，行动也会直接产生实际成果，从而更加鼓舞你，使你取得辉煌的成就。

我们相信，屹立于退潮之中，又能满怀希望，最好的办法是：采取泰然处之的哲学态度，以安然的心情度日。生活中不可能事事顺心，忧愁烦恼，作为自然的生理反应在所难免，但切不可沉溺其中。人需要尽快调整心态和情绪，采取积极的行动来改变已遭破坏的生活。当困难已经远去，你再回头看时，你会发现，当初似乎要压垮你的困难，不过是一片乌云而已，你会庆幸自己及时地调整了心态，采取了行动。不然，你可能还在那里唉声叹气，而境况依旧，甚至更糟。

解脱的幸福

我们不可能预知工作中的各种情况，但我们能够适应它。正确的心理态度和良好的习惯，会有积极的收获。当面对问题时，态度是决定能否成功的关键因素。简言之,你的态度比你的适应性或才能更重要。

纵然有压倒性的事实可以说明正确的心理态度之重要，但从幼儿园到研究所整个教育体系，几乎都疏忽了或未察觉到这个重要的因素。百分之九十的教育是在于获得事实与数字,仅有百分之十集中在“感觉”与态度上，而这百分之十还有点估计过高，因为这大部分集中在运动及相关的活动上。

美国心理学之父威廉詹姆斯说，这一划时代的重大的发现，是我们可从改变态度来改变生活。态度包括许多方面，其中之一和乐观有关。来看一下，罗伯特舒勒对乐观者与悲观者所作的区分。悲观者说："当我看见它时我相信它。"乐观者说："当我相信它时我看见它。"乐观者看到半杯水说它是半满。悲观者看到同样的半杯水说它是半空。理由很简单。乐观者把水加进玻璃杯。悲观者从玻璃杯取出水。那些仅取之于社会而不献于社会的人是悲观与宿命论者，那些努力而确实有贡献的人是乐观与自信的。在生活中成功与失败通常仅仅是一念之差。

积极的态度有积极的结果，这是因为态度有感染力。这种态度之一就是热心。爱伯特呼巴德曾说："没有一件伟大的事情不是由热心所促成的。"好的传教士与伟大的传教士、好的母亲与伟大的母亲、好的演说家与伟大的演说家、好的推销员与伟大的推销员之间的差别，时常就在于热心。

态度真是产生极大差异的"小"事情。常常会因为芝麻小的事情而造成了成功或失败的结果，因此，当面对问题时，我们都要以正确的心态去对待，问题就不再是问题了。同样，只要我们抱着一颗平常的心态来看待人生，看待名利，看待我们的欲望，相信，更多的人会从欲望的苦海中解脱出来，真正地体会到幸福的人生！

第九章 懂得宽容 把握身边的幸福

君子无烦恼，因为宽容无私，好人少烦恼，因为豁达律己，庸人烦恼多，是狭隘自私所致，小人尽烦恼，乃奸诈唯我的必然！生活并非都是洒满阳光的大道，也有布满荆棘的小路。豁达大度、遇事泰然的人，顺境时，他能抓住机遇，扬起生命的风帆；逆境时，他不灰心、不气馁，能透过苦难的雾幛，窥见胜利的曙光。

幸福就在宽容中

人生在世，许多事情并不如我们眼中看到的那般完美，宁愿糊涂一点，感恩永恒。其实能够难得糊涂那也是一种幸福。一叶宽容，万念俱清。宽容是什么？宽容是理解，宽容是爱，宽容是仁，宽容是世界上最美好的东西。宽容自己，宽容他人，有了宽容，才能超越平凡，才能超越自我，才能融化每一个人心头的冰霜。

生活需要宽容，世界需要宽容。有了宽容，我们的胸怀才能像大海那样辽阔，有了宽容，我们的世界才会充满幸福和爱，有了宽容，幸福才会离我们更近一点。平凡的宽容中孕育着伟大，伟人的宽容却体现在生活中的每一件小事。一个被宽容的人是幸福的，一个懂得宽容的人，不仅给予了别人幸福，还给了自己幸福。

一天早上，发明大王爱迪生和他的助手们终于完成了一个电灯泡。那是爱迪生和助手们忙了一天一夜的成果，每个人都非常高兴。

爱迪生让助手们都回去休息，而留下一个年轻的助手，让他把制作好的这个灯泡拿到楼上的另一个实验室去。

这个助手小心翼翼地接过灯泡，慢慢地走上了楼梯，心里非常担心手里这个奇怪的新东西滑落到地上。但是，越这样想，心里反而越紧张，他的手就不由自主地打起哆嗦来，在他爬到楼顶的时候，长舒一口气，而灯泡却落在了地上。这个年轻的助手顿时吓坏了，慌慌张张地跑下楼去找爱迪生。

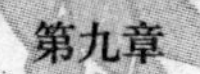

爱迪生并没有因为这位助手的失误而责怪他。几天之后，爱迪生和助手们经过了一天一夜的努力，终于又制作出来一个电灯泡。

做完之后，自然还得需要有一个人把灯泡带到楼上去。爱迪生几乎都没有经过考虑，就把这个刚刚做的灯泡交给了先前摔碎灯泡的助手。

这一次，这个助手没有紧张，而是将灯泡完好无损地拿到了楼上。

后来，有人问爱迪生，“你心里原谅他已经做到了仁至义尽了，为什么还要将灯泡交给他呢？万一他一紧张，又把灯泡摔碎了怎么办？”

爱迪生是这样回答的：“原谅不能光是说说就行了，一定要做。”

在生活中，宽容是一种美德，是一种修养。只有宽容，生活中才会多一些宽容，多一份美丽。

清朝初叶的李绂作过一篇《无怒轩记》，他说，“吾年逾四十，无涵养性情之学，无变化气质之功。因怒得过，旋悔旋犯，惧终于忿戾而已，因以‘无怒’名轩。”李绂“无怒”，我们“宽容”如何？

宽容不是懦弱，是我们在用心来净化世界。宽容不是退让，宽容是为了和谐和平衡。宽容像一枝插在花瓶中的柳枝，她会在平淡中绽出新绿；宽容像播种在泥土中的种子，她会长出嫩绿的春芽。

玛丽在一家公司任职营业部的经理。有一个员工总是没事找事给她找点麻烦，玛丽为此感到非常烦恼。玛丽不喜欢这个员工的工作态度，决定找这个员工谈谈。为了避免在大庭广众之下发生争执，玛丽决定在家里给这个员工打电话。“是或否该解雇她呢？”玛丽翻着手中的雇员卡，陷入了沉思。

玛丽想起了多年前的一桩往事。

那时，玛丽做着一份全日制的工作，目的就是为了帮助丈夫迈克顺利完成学业。终于，玛丽等到了丈夫毕业的日子。玛丽和迈克的父母从美国南部赶来参加迈克的毕业典礼。玛丽早就为那天做了很多设想，毕业典礼以后，和丈夫一起去吃冰激凌，在镇上悠闲地漫步。

玛丽兴高采烈地走进工作的那家书店，对老板说："我希望能够在感恩节后的那个星期六休假，迈克要毕业了。"

但是，老板的回答让玛丽感到了绝望。老板说："对不起，玛丽，你不能休假。感恩节那段时间将是我们书店最忙碌的一段时间，我们都需要你在这。"

玛丽简直不相信自己听到老板这样说，玛丽为老板的不通情理感到生气。但是，玛丽依然沉住气，辩解道："但是，我和迈克等这一天已经足足等了五年了。"

"当然，那天我不会给你安排工作的。"老板说。

玛丽急了，大声说："我根本就不能来，我是不会来的。"玛丽说完跑了出去。

以后的一段日子，玛丽和老板发生了冷战，老板问玛丽话的时候，玛丽总是三言两语，表情十分冷漠。

玛丽和老板的关系越来越紧张，尽管老板看起来依然是那么热情，对玛丽总是笑脸相迎，玛丽也知道老板的心里也是非常不舒服，但是，玛丽铁了心一定要请一天假。

玛丽和老板就这样持续了几周的冷战。临近感恩节的时候，老板主动约玛丽谈谈。玛丽知道得罪了老板，很有可能会遭到解雇，她盯着自己的脚，不敢看老板，告诉自己一定要坚强地承受失业的痛苦。

但是，老板的话却让玛丽感到无地自容，"玛丽，我不想在我们之间闹什么不愉快，我不想看到你的怒气和不快"老板平静地说，"那天，我给你放一天假"。

玛丽一时间愣在那里，她不知道该对老板说什么。玛丽为自己的狭隘、孩子气感到惭愧，为老板的谦卑和宽容感到无地自容。

"谢谢你，老板"玛丽终于挤出来一句话。

这件事这些年来一直藏在玛丽的心底，现在，这件事又浮现在玛丽的脑海中。玛丽为自己考虑辞退雇员的想法感到惭愧，因为她想起了当年老板对自己的友善和宽容。于是，她决定，将这种宽容，这种友善传递下去。

于是，玛丽拿出了那位员工的雇员卡，拨了她的电话，在电话里，玛丽向那位员工表示道歉。在玛丽挂电话的时候，两个人的关系已经是和好如初了。

上天把人们在生活中学到的东西藏在了人们的心灵深处，在需要的时候，它们就会浮现出来。玛丽的故事，让我们明白，宽容别人，比坚持"正确"更重要，更值得尊敬。

总之，有了宽容，世界才会更和谐，生活才会更幸福。紫罗兰把它的香气留在那踩扁了它的脚踝上。这就是宽恕。有了宽容，世界多了一份美好，多了一份爱。宽容别人，就是成全自己的幸福。宽容就像久旱之后的甘霖滋润着大地，它赐福于宽容的人，也赐福于被宽容的人。有了宽容，你周围的世界才会更美丽，有了宽容，你的生活会少很多烦恼，多一些幸福！

世界因宽容而美丽

俗话说："三十年河东，三十年河西"。其实，这句话是有源头的，以前黄河河道并不是固定的，经常会因为河水泛滥而改道。有个地方原来在河的东面，但是，过了若干年后，黄河改道，这个地方竟然变成了河西之地。而这句话，经常被人们用来比喻人事的盛衰兴替、变化无常，难以预料。

这句话所蕴含的人生哲理，自然是做人要厚道，要给自己留足后路，给他人留足余地，只有这样，才能是你好，我也好，大家都好。懂得得饶人处且饶人，你才能了解到幸福的真谛，"赶尽杀绝""得理不饶人"只能让你背离幸福的轨道。

在清朝吴敬梓的《儒林外史》中的第四十六回，有这样一段话。

"大先生，三十年河东，三十年河西。就像三十年前，你二位府上何等气势，我是亲眼看见的。而今彭府上，方府上，都一年胜似一年。"

所以，做人不要太嚣张，得饶人处且饶人，给人留足余地，这也是为自己的幸福打下基础，不然等到来日落魄之时，遭到他人的侮辱和迫害的时候，悔之晚矣。

几年前，克林顿的妻子希拉里曾经出过一本自传。刚出版的时候，美国一家电视台的一位脱口秀主持人，曾经对美国总统克林顿的妻子希拉里的自传做出过这样的辛辣评价："她的书不可能会卖好，我敢打赌，如果她的书能够卖掉 100 万本，我把她的鞋子吃掉。"

上天好像偏偏喜欢捉弄那些往往把话说绝的人，没想到，没过几个星期，希拉里的自传就成了畅销书，销量一路飙升，很快超过了100万本。很多观众都知道，这个著名的主持人该尝尝希拉里鞋子的味道了。

没错，希拉里果然在这个主持人主持节目的时候给他送来了鞋子。不过，这个鞋子质地却不同于其他鞋子，主持人在众多的观众面前吃下了总统夫人为他特意定做的鞋子形状的蛋糕。

主持人吃得津津有味，因为在它里面，希拉里加了一种非常特别的调料，那就是宽容。

面对主持人对自己的贬斥和嘲讽，克林顿总统的夫人希拉里，并没有因为主持人的激烈言辞进行猛烈回击或者真正地让主持人吃鞋子，而是用一种幽默的宽容，成功而巧妙地化解了这一矛盾，避免了主持人出现尴尬局面。总统夫人因为懂得宽容更加让人敬佩，而蛋糕鞋因为宽容更加美味可口。

能容人处且容人，说话做事给自己留足余地，也给他人留有余地。总统夫人的无私的宽容给主持人留足了余地，给人台阶下，也是给自己台阶下。正因为她的宽容，她的书才能保持长期畅销，她的宽容，她的幽默也成为人们生活中津津乐道的一件事。

报复并不能让一个人快乐，能带来的只有无休止的妒恨与痛苦。而宽容，是战胜仇恨的最好武器，是走向成功最重要的砝码。

“海纳百川，有容乃大”，宽容是一剂打开心结，化解坚冰的良药，有了宽容，世界才会更美丽，有了宽容，生活才会更美好。能容人处且容人，这是一种为人处世的智慧，是美好人生的魔法棒。宽容别人，给别人留余地，为自己留余地。学会宽容，我们才会发现，生活很美好，世界很美丽。心头的乌云终究挡不住宽容的阳光，她，终将照亮世界上每一个黑暗的角落。

以恨对恨，恨永远存在；以爱对恨，恨自然消失。宽容是一种博大的精神境界，是一种高贵的美德。有了宽容，人与人之间才会多一些理解和真善，世界才会变得更美丽。“世界上最宽阔的是海洋，比海洋宽阔的是天空，比天空更宽阔的是人的胸怀。”宽容更是幸福生活的一个重要因素，有了宽容家庭才会和睦，工作才会如意，有了宽容，生活才会更幸福！

真诚做人，收获幸福

真诚做人，是做人的一种境界。真诚做人，才能用平和的态度来看待利益、得失，才能做出正确的选择。真诚做人，才能懂得宽容别人，才能被人们所赞赏、钦佩，做事才能更踏实，更实际。

真诚做人，不虚伪，不造作，不假惺惺，不卷进是非，不招人嫌，不招人嫉，只有这样，才能踏实做事，才能有良好的人际关系。真诚做人，才能创造良好的人际关系，才能远离尔虞我诈的纷扰，才能收获人生的幸福。

有这样一个故事：

天有不测风云。一天下午，本来好好的天气，大雨突然倾盆而至，一位穿着非常简朴的老太太，被大雨淋成了落汤鸡，狼狈不堪地走进了美国费城的一家百货公司。在场的很多售货员看到老太太穿着非常普通的衣服，所以，都没有对她表现出应有的热情。

这个时候，一位年轻的售货员走到老太太面前，诚恳地对老太太说："夫人，我能为您做些什么吗？"

老太太尴尬地笑了一下："不用了，我只是想在这里避一下雨，我很快就离开。"老太太说完又感到不妥，毕竟借人家的地方避雨，却一点东西都不买，似乎有点不近人情。于是，老太太开始思考买点什么东西，哪怕是头发上的一个小饰物也可以，至少能够让自己可以在这里心安理得地避雨。

正在老太太思考的时候，那位年轻的售货员又回来了，只见他搬着一把椅子，诚恳地对老太太说："夫人，您不必为难，我给您搬来一把椅子，放在门口，您安心坐着休息就可以了。"

大约两个小时后，大雨停了，老太太向那个年轻的售货员要了张名片，看了看，亲切地说："菲利，非常好听的名字，我记住你了，谢谢你！"然后匆匆离开了百货公司。

一段时间以后，费城百货公司的总经理詹姆斯在翻看来信的时候，非常意外地看到了一封信，发信人希望费城百货公司能够派菲利去苏格兰办一件事，那就是签订一整座城堡的装潢订单，而且委托菲利负责几个大公司下一季度办公用品的采购工作。费城百货公司的总经理詹姆斯马上算了一下，结果让他大吃一惊，这封信给公司带来的利益，几乎等于公司两年利润的总和。

詹姆斯马上与写信人取得联系，这才知道，原来写信人正是几个月前一位在百货公司避雨的老太太——美国亿万富翁"钢铁大王"卡耐基的母亲。

在菲利准备好行装去苏格兰时，他已经成了费城百货公司的合伙人了，不再是一般的售货员了。那年，菲利仅仅22岁。

年轻的售货员菲利，用自己的真诚感动了那位老太太，而老太太用真诚回报了年轻的售货员菲利。真诚做人，就像是种下了一粒种子，总有开花结果的那一天。做人就是这样，只有真诚待人，才能够得到别人的帮助，才能做好每一件事，这也是成就大事的重要素质之一。

总之，真诚做人是一种宝贵的品格，是一种良好的修养，是一种海阔天空的胸襟，是一种高明的智慧。《中庸》说："诚者，天之道也；诚之者，人之道也。诚者不勉而中，不而得，从容中道。圣人也。"不是每个人都可以成为圣人，但是，一样可以拥有圣人的品德。真诚是做人之本，是做事之基，是每个人都应该具有的一种基本素质。以诚待人，方能让他人以诚待我。只有真诚做人，才能得到别人真诚的回报，做事才能做好，这也是成功的重要素质之一，更是幸福的密码之一。

容人乃大

有句话叫做“大肚能容，容天下难容之事，”每个人都应该学会微笑着面对生活，对人，对事多一分宽容与大度。只有懂得宽容，才会懂得感恩，一个懂得感恩的人，才会体会到生活的幸福。

人生在世，更应有崇高的理想和宽阔的胸怀；待人及物应不拘小节，为区区小事而耿耿于怀不但徒增自己的烦恼，而且还于事无补。其实，不管是处世还是做事，只要你能有一个雍容大度、坦坦荡荡的胸怀，路就会越走越宽。相反，如果处处针锋相对，睚眦必报，结果只会落得一无所成。自然也就脱离了我们的终极目的——幸福。

最初，曹操与袁绍实力悬殊极大。曹操手下的不少将士，文人谋士都与袁绍一方有秘密书信往来，以备万一曹操被袁绍兼并，能有个退身之地。对此，曹操心知肚明，只不过迫于时局而不便挑明。

不久，“官渡之战”爆发。曹操利用奇计大败袁军，取得了彻底胜利。曹军在清理战利品时，从袁军大营缴获一大筐书信，都是以前曹操的部下写给袁绍的密件。有的人在信中吹捧袁绍，贬低曹操，说自己身在曹营心在袁军；有的表示随时可以叛曹降袁。曹操的心腹们觉得事关重大，立即将书信交给了曹操。那些写了信的人害怕事情败露，个个心惊胆战。

正当人人紧张万分之际，曹操却接过信件，看也没看，就下令全部烧掉，并笑着对众人说：“这都是过去的东西。那时袁军地盘比我们大，军队比我们强，粮草比我们多。就连我自己也曾考虑过以后的退路，你们有人这么做，也属常理，不足为怪。”那些提心吊胆的人见曹操如此态度，又目睹那一大筐书信在烈火中化为灰烬，如释重负，感到空前的轻松。同时，也都流下了无限感激的热泪。

此事迅速传遍了曹军大营，一度惊恐不安的军心，顿时稳定下来。尤其是那些写过“效忠信”的人，为报答丞相的大恩大德，在此后的战役中，个个冲锋陷阵，杀敌立功，为曹操的争雄作出了很大的贡献。

这是一位大政治家的驭下之道。曹操深知宽容大度是黏合剂，能容人就是团结各种人，自己才会受人拥戴，统一大业才有希望。事实也证明，用大度的心态去看世界，世界也会宽待你。曹操的宽容是众人的幸运，而曹操的宽容也是自己的幸运。

清朝的康熙皇帝就是一个开明的皇帝。有一次，他向大臣表示想要起用黄宗羲，黄宗羲是明末清初经学家、思想家、地理学家、史学家、教育家。清军入关后，黄宗羲曾经召集很多人组成了反清的“世忠营”，与清朝斗争达数年之久。

康熙之所以想要起用黄宗羲就是因为敬佩他的才学，但是大臣们听到康熙的这个决定以后，都极力反对，觉得黄宗羲是反清逆贼，这样的人怎么能让他来为大清效力呢。

康熙听取了大臣们的反对意见后说：“黄宗羲这样的做法是一种忠烈的表现，是非常难能可贵的！”大臣们见皇上不但不责怪黄宗羲，反而表示出对他的赞赏，都为皇帝的大度所震慑。

有一次，康熙在巡视西安时，召见有名的学者李禺，李禺是个有气节的人，他觉得自己是明朝的人，所以不想去见康熙。就让自己的儿子带话给康熙说自己年迈多病，不便见康熙。康熙知道李禺的意思，但是并没有怠慢他的儿子，他对李禺的儿子说：“人最可贵的就是气节了，你父亲是一个喜欢读书并且有志气的人，我特意把一块匾额赐给他。”于是，他就把一块写着“志操高沽”的匾额赐给了李禺的儿子。康熙这样宽宏的度量，一时被百姓传为佳话。

汉代政治家贾谊说：“大人物都不拘泥细节，才能成就大的事业。”能容人者，必然能获得人们的尊重，从而生活幸福，事业有成；不能容人，则会遭到别人的反对，事业必然日趋衰败，其生活也必然是一团糟糕，更不要说什么幸福了。大度一些，试着学会宽容，幸福之路才会走得更宽广！

总之，懂得宽容别人，我们才能获得别人的宽容、理解和支持，只有得到了他人的理解和支持，我们的事业才会成功，我们的生活才会如意，我们的人生才会幸福。

伤害幸福的是“锱铢必较”。

幸福是不需要我们“锱铢必较”的，有时候幸福就是懂得如何“放下”。有一个人两手各拿了一个花瓶前来献给佛祖。佛祖对他说：“放下！”那个人就把他左手拿的那个花瓶放下了。佛祖又说：“放下！”那个人又把右手拿的那个花瓶放下了。佛祖还是对他说：“放下！”那个人说：“能放下的我已经都放下了，现在我两手空空，

没有什么可以再放下的了，你到底让我放下什么呢？”佛祖说：“我让你放下的，你一样也没有放下；我没有让你放下的你全都放下了。花瓶是否放下并不重要，我要你放下的是你的六根、六尘和六识。你的心已经被这些东西充满了，只有放下这些，你才能从生活的桎梏中解脱出来，才能懂得真正的生活，才能体会到真正的幸福。”那个人终于明白了。佛祖说：“‘放下’这两个字听起来容易，做起来却很难。有的人追求功名，所以他放不下功名；有了金钱，他就放不下金钱；有了爱情，他就放不下爱情；有了嫉妒，他就放不下嫉妒。因此，世人能有几个能真正‘放下’呢？‘放下’，是一条追求幸福的绝妙方法啊！”

宽容是一种博爱，你可以因宽容而拥有爱戴！宽容是一个平台，你可以赢得一种敬仰，从而得到尊重，宽容是一种理解，才能显示一种伟岸，宽容是一把火，可以融化结冰的仇结。懂得宽容的人最懂得生活的乐趣，相逢一笑泯怨仇，宽容是春天，冬天是锁不住春风的，百花盛开的季节并非开的花朵都漂亮，而是因为有了宽容的微笑，花朵开得才争芳斗艳，美轮美奂，这微笑是春风的赋予，因为春天里孕育着宽容！

让宽容滋润幸福的心灵

一颗不能承受伤害的心灵是脆弱而难以生存的，一颗不能谅解伤害并宽容自己的心灵是狂暴而可怕的。因为妒恨不仅伤害别人也折磨自己。宽容是对别人的释怀，也是对自己的善待。只有学会放弃仇恨，常用宽容的眼光看待世界、事业、家庭和友谊，才能获得心灵的宁静和永远的幸福！

宽容是一股清泉，将甘甜注入心田；宽容是沙漠中的一片绿洲，给你的生命带来生机；宽容是春天的微风，给你带来复活的气息；宽容是黑暗中的光明，给你带来新的希望；宽容是雨后的阳光，扫除你心中的阴影；宽容还是一种好心情，能感染你、我、他……宽容是一种美德，学会宽容，我们就拥有许多无比珍贵的友情。我们应走出自我，豁达待人。

莎士比亚在他的戏剧《威尼斯商人》的台词里说："宽容就像天上的细雨，滋润着大地，它赐福于宽容的人，也赐福于被宽容的人。我们应学会对别人宽容"。

孔子说"己所不欲，勿施于人"就是这个道理。能否体谅他人的处境，能否尊重他人的意愿，关系到与人合作的效果。在合作过程中，自己不情愿做的、不接受的事，就不要推给他人，要他人去做。在与人相处中，与他人产生了矛盾，应主动地站到对方的角度上想问题，体谅对方的情感，以便在理解对方的同时，寻找解决问题的最佳方法，正

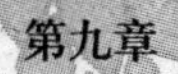

所谓“退一步海阔天空，让三分风平浪静”。

在交往中，难免有一些磕磕绊绊，如果我们与人斤斤计较，耿耿于怀，不仅会给自己带来心理上的压力，还会使我们和同学、朋友的关系渐渐地疏远。“宰相肚里能撑船，将军额头跑得马。”既然事情已经发生，我们不妨置之一笑，以豁达的胸怀原谅别人。也就是说，别人无意或者过失伤害了自己，应不予计较和追究，由衷地原谅他们。

现在，我们不要因为一些芝麻大点儿的事而斤斤计较，学会宽容别人。把宽容的阳光慷慨的施予别人，既鼓舞了他人的心，又愉悦了自己，何乐而不为呢？一个宽容大度的人，他的爱心往往多于怨恨，他乐观、愉快、自由、幸福、豁达……马上让宽容走进我们狭小的心灵吧！

《绝缨宴》里讲了这样一个故事，春秋战国之时，楚国的楚庄王很是英明，在他的治理之下楚国十分富强。有一天他摆宴请百官饮酒，从中午一直喝到掌灯，大家都有些醉了。这时庄王叫出了自己最心爱的王妃给大家敬酒。这王妃长得花容月貌十分漂亮，把百官的眼睛都看直了。就在王妃下去敬酒的时候忽然一阵风把灯吹灭了，大殿上一片漆黑。这时王妃回到庄王身边告诉庄王：“大王，刚才我下去敬酒时有人在黑暗中拉住了我的袖子调戏我，我顺手扯下了他的帽缨，请大王给我做主。”调戏王妃可是欺君之罪，大家都认为楚王会点灯治这个人的罪。谁知庄王却说：“先别掌灯，今天大家这么高兴，请众位爱卿都把帽缨摘下来，让我们喝个痛快。”这件事就这么不了了之了。

回到后宫后，王妃不高兴地说普通人都会保护自己的妻子，责怪楚庄王不为她做主，庄王微笑着对王妃说：“你这就不知道了，人喝醉了酒难免失去理智，而今天是我请客让大家喝醉了。要怪也要怪寡人我。相信他清醒时一定不敢这样做。”后来楚国跟齐国发生了战争，楚国的军队一路过关斩将很快包围了齐国的都城。庄王没想到仗会打得这么顺利，兴高采烈地上前线犒军。元帅说打得顺利不是因为自己指挥有方，而是先锋官唐狡将军浴血奋战的结果。原来战争一打响，唐狡将军就仅带了一个百人的敢死队冲锋陷阵，战必胜攻必克，拼命血战在前，元帅只不过带兵在后接应而已。庄王感叹：“我军居然有如此勇将，快请他来见我，我要好好奖赏他。”唐狡将军接到将令从前线回来。一见庄王，唐狡赶忙下马跪伏在地高声道：“戴罪之人前来向大王请罪。”庄王十分纳闷说：“你立了大功，我正要奖赏你，何罪之有呢？”唐狡回答道：“大王有所不知，绝缨宴上扯美人袖的就是我呀。大王当日免死之恩,小人万死也难以报答,请大王治罪。”庄王哈哈大笑:“原来如此，这些小事寡人早已忘记了。”通过这场战争的胜利，楚庄王威震天下，终于开创了一代霸业，成为春秋五霸之一。看看，如果庄王当年不宽恕唐狡一时的过失，怎么能换来唐狡的以死相报呀！这就是宽容的好处。

宽容是深藏爱心的体谅,并非仅仅是原谅。宽容是一种高贵的行为，更是一种智慧和力量的体现。让自己的心态变得宽容，世界会变得更加美好。

宽容待人,是成功者的风度。这种风度是发自灵魂深处的内在修养，是一种良好心态的表露。只有真正放开胸襟，宽容待人，才能取得成功之冠。人非圣贤，要去爱自己的敌人也许真的有点强人所难；但出于自身的健康与幸福考虑，学会放弃报复，宽恕敌人，甚至忘却仇恨，也不失为是一种明智之举。人非圣贤，孰能无过。如果执著于他人过去的错误，就会形成思想包袱，对过去的事耿耿于怀，这样限制了自己的思维，对别人也是一种阻碍。人生难免不遇上个沟沟坎坎，有时候，一件特别小的事情如果不能释怀，可能就会使你长期戴上痛苦的紧箍咒，影响你的一生。宽容别人，其实就是等于宽容自己。

很多时候，我们需要别人宽容，也要宽容别人，一味争抢只能使自己陷入孤立。朋友之间的争论是常有的，一个真正豁达大度的人，不应该因为别人和自己争论问题而对人家耿耿于怀，更不应该因为别人驳倒了自己的意见而恼羞成怒。远离狭隘，你便找到了生活中的快乐；学会宽容，你就等于又开启了一道通向财富之路的大门。生气是拿别人的错误惩罚自己，而宽容则是自我释放的一种方式。

宽容是一种人生智慧，唯宽可以容人，唯厚可以载物。宽容是一种可贵的胸怀，宽容别人，就是在成就自己。

第十章　善于付出　追逐感激的幸福

自私是当自己同他人、社会发生利益关系时，看重的是自己的利益，并牺牲他人、社会的利益来维护自己的利益的行为。当然，人人都会有私心，这是很正常的现象，但是一切都从个人的自私行为出发，是最不得人心的。古人说：“财散则人聚，财聚则人散”。这是对自私与分享的最经典诠释！

授人玫瑰，手留余香

我们在分给他人幸福的同时，也能正比例地增加自己的幸福。只有帮助他人，才会得到他人的帮助，与人方便，自己方便。你对别人慷慨解囊，你也会得到别人的无偿回报。

给予，让这个世界更美好。我们应该时刻记住付出大于索取，应该善于用更好的思维方式思考问题。因为无私、爱心充盈你的内心，要想不断体会分享的乐趣，就必须把这些都培养成为习惯。当我们懂得把自己的东西和别人一起分享的时候，我们就能体会到无私的快乐，体会幸福的感觉。

一天，一个清贫的小男孩为了凑齐学费而逐门逐户地推销商品。辛苦了一天的他非常饥饿，但是找遍所有口袋，就只摸出一角钱。可是饥饿难耐，他决定向下一家讨点吃的。当一位干净的小女孩打开房门的时候，这个小男孩有些不知所措，他没有讨饭，而乞求给他一口水喝。这位女孩看到他很饥饿的样子，就拿了一杯牛奶给他。男孩慢慢地喝着牛奶，问道："我应该给你多少钱？"小女孩回答道："一分钱也不要，妈妈说，付出爱心，不求回报。"男孩说："谢谢你，我会记住你的恩德。"说完小男孩离开了这户人家。此刻，他不仅感到精力充沛，而且还看到生活在微笑着向他点头。

数年之后，那位干净的女孩得了一种奇异的重病，当地的医生对此也只能摇头。最后，她来到大城市里，接受专家的治疗。而在参与制订方案的医生中有一个叫霍华德·凯利的人，他就是当年那个小男孩，如今已成为小有名气的医生。当看到病历上的病人资料时，一个念头闪过他的脑际。

当他来到病房时，一眼就认出躺在病床上的人就是曾经帮助过他的那个女孩。于是他下决心竭尽所能，一定要治好她的病。从那天起，他就特别地关照她。经过艰难的努力，手术成功了，凯利医生拿到医药费通知单并在上面签了自己的名字。

当医药费通知单送到病人的手里时，她很紧张，因为她知道这笔费用会花掉她所有的家当。当她最后鼓起勇气打开通知单时，看到了旁边的一行小字：医药费——一满杯牛奶。霍华德·凯利医生。

有付出就有回报。对他人做了善事，总能得到加倍的回报。帮助别人，其实就是帮助自己，而当我们付出的时候，本身就体验到了生命的意义与快乐。

俗语说："授人玫瑰，手留余香。"奉献爱心可以体现人性的美好，同时也是一种处世哲学和快乐之道。有位哲人说过："人活着应该让别人因为你活着而得到益处。"学会给予、分享和付出，你就会体会到乐善好施，不求任何报酬的快乐与满足。付出一份爱心，收获一份快乐与希望。在别人困难的时候，爽快地伸出援助的双手，在你为难之际，才会得到更多的帮助。

君子莫大乎与人为善

生活就像山谷回声，你付出什么，就得到什么；你耕种什么，就收获什么。帮助别人也就是帮助自己，帮助别人就是强大自己，别人得到的并非是你失去的。在一些人固有的思维模式中，帮助别人，自己就要有所牺牲；别人得到了，自己就一定会失去。比如你帮助别人提了东西，你就会耗费了自己的体力，耽误自己的时间。其实很多时候，帮助别人并不意味着自己吃亏。如果你帮助其他人获得他们需要的东西，你也会因此而得到想要的东西，而且你帮助的人越多，你得到的也越多。

有这样一个故事：一位一生行善的人临终前有一位天使特地下凡来接引他上天堂。天使说："大善人，由于你一生行善，成就很大的功德，因此在你临终前我可以答应你完成一个你最想完成的愿望。"

大善人说："神圣的天使，谢谢你这么仁慈，我一生当中最大的遗憾就是：我信奉主一生，却从来没见过天堂与地狱究竟长得像什么样子。在我死之前，您可不可以带我到这两个地方参观参观？"

天使说："没问题，因为你即将上天堂，因此我先带你到地狱去吧。"大善人跟随天使来到了地狱，在他们面前出现一张很大的餐桌，桌上摆满了丰盛的佳肴。"地狱的生活看起来还不错嘛！没有想象中的悲惨嘛！"大善人很疑惑地问天使。

"不用急，你再继续看下去。"过了一会，用餐的时间到了，只见一群骨瘦如柴的饿鬼鱼贯地入座，每个人手上拿着一双长十几尺的筷

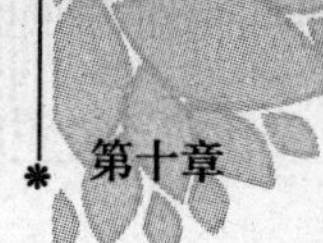

子。每个人用尽了各种方法，尝试用他们手中的筷子去夹菜吃。可是由于筷子实在是太长了，最后每个人都吃不到东西。

“实在是太悲惨了，你们怎么可以这样对待这些人呢？给他们食物的诱惑，却又不给他们吃。”“你真觉得很悲惨吗？我再带你到天堂看看。”到了天堂，同样的情景，同样的满桌佳肴，每个人同样用一双长十几尺的长筷子。不同的是，围着餐桌吃饭的是一群洋溢欢笑，长得白白胖胖的可爱的人们。他们同样用筷子夹菜。不同的是，他们喂对面的人吃菜。而对方也喂他吃菜。因此每个人都吃得很愉快。

可见，与人为善是我们在寻求幸福、寻求成功的过程中必须遵守的一条基本准则。在当今这样一个合作的社会中，人与人之间更是一种互动的关系。只有我们先去善待别人，善意地帮助别人，才能处理好人际关系，从而获得他人的愉快合作。

孟子曾经说过：“君子莫大乎与人为善。”那些慷慨付出、不求回报的人，往往容易获得成功。而那些自私吝啬、斤斤计较的人，不仅找不到合作伙伴，甚至有可能成为孤家寡人。有的人会问：怎样才算与人为善呢？与人为善说起来很简单，做起来却不是一件容易的事，它包括相当广泛的内容。如：关心他人，当朋友遇到困难的时候，主动伸出友谊之手；尊重他人，不去探究他人的隐私；不在背后议论、批评他人；善于和别人沟通、交流；善于和那些与自己兴趣、性格不同的人交往；承认对方的价值和努力，对于错误要负起自己该负的责任……总的说来，善待他人的最重要原则就是“己所不欲，勿施于人”，凡事要从对方的角度来考虑。如果你能遵从这个原则，你将拥有许多朋友。

有句话说得好：“幸福并不取决于财富、权力和容貌，而是取决于你和周围人的相处。”你想做个幸福的人吗？那么就从与人为善开始吧！懂得善待他人，也就懂得了善待自己。

给予比接受更令人快乐

人世间，不劳而获的事情终究太少太少。即使幸运之神光临你的身边，你在取得之前，还是要先学会付出。

有个故事说,某人在沙漠中穿行,遇到暴风沙,迷失了方向。两天后，烈火般的干渴几乎摧毁了他生存的意志。沙漠仿佛是一座极大的火炉，要蒸干他周身的血液。绝望中的他却意外地发现了一幢废弃的小屋。他拼足了最后的气力，才拖着疲惫不堪的身子，爬进堆满枯木的小屋。定睛一看，枯木中隐藏着一架抽水机，他立刻兴奋起来，拨开枯木，用抽水机开始抽水。但折腾了好大一阵子，也没能抽出半滴水来。绝望再一次袭上心头，他颓然坐地，却看见抽水机旁有个小瓶子，瓶口用软木塞堵着，瓶上贴了一张泛黄的纸条，上边写着：你必须用水灌入抽水机才能引水！不要忘了，在你离开前，请再将瓶子里的水装满！他拔开瓶塞，望着满瓶救命的水，早已干渴的内心立刻爆发了一场生死决战：我只要将瓶里的水喝掉，虽然能不能活着走出沙漠还很难说，但起码能活着走出这间屋子！倘若把瓶中唯一救命的水倒入抽水机内，或许能得到更多的水，但万一汲不上水，我恐怕连这间小屋也走不出去了……最后，他决定把整瓶的水全部灌入那架破旧不堪的抽水机里，接着用颤抖的双手开始抽水……水真的涌了出来！他痛痛快快地喝了一顿，然后把瓶子装满水，用软木塞封好，又在那泛黄的纸条后面写上：相信我，这绝对是真的。

几天后，他终于穿过沙漠，来到绿洲。每当回忆这段生死历程，他总要告诫后人：在取得之前，要先学会付出。

人生中，在通往成功和富足的路上，我们往往并不是缺少机遇，而是无法好好地把握它。生活有着它丰富的内容，它也会以多种方式给予你无尽的快乐。只是有些人一开始就有些误解，总以为只有从生活中索取才能使一个人快乐。其实不然，站在生活这一繁琐的课题面前，我们应该明白一个道理，那就是给予比接受更令人快乐。

这一年的圣诞节，保罗的哥哥送给他一辆新车作为圣诞礼物。

圣诞节的前一天，保罗从他办公室出来时，看到街上一名男孩在他闪亮的新车旁走来走去，触摸它，满脸羡慕的神情。

保罗饶有兴趣地看着小男孩，从他的衣着来看，他的家庭显然不属于自己这个阶层。就在这时，小男孩抬起头，问道："先生，这是你的车吗？"

"是啊，"保罗说，"我哥哥给我的圣诞节礼物。"

小男孩睁大了眼睛："你是说，这是你哥哥给你的，而你不用花一美元？"

保罗点点头。小男孩说："哇！我希望……"

保罗认为他知道小男孩希望的是什么，有一个这样的哥哥。

但小男孩说出的却是："我希望自己也能当这样的哥哥。"

保罗深受感动地看着小男孩，然后他问："要不要坐我的新车去兜风？"

小男孩惊喜万分地答应了。

逛了一会儿之后，小男孩转身对保罗说："先生，能不能麻烦你把车开到我家前面？"

保罗微微一笑，他理解小男孩的想法：坐一辆大而漂亮的车子回家，在小朋友的面前是很神气的事。但他又想错了。“麻烦你停在两个台阶那里，等我一下好吗？”小男孩跳下车，三步两步跑上台阶，进入屋内，不一会儿他出来了，并带着一个显然是他弟弟的小孩，因患小儿麻痹症而跛着一只脚。他把弟弟安置在下边的台阶上，紧靠着坐下，然后指着保罗的车子说：“看见了吗？就像我在楼上跟你讲的一样，很漂亮，对不对？这是他哥哥送给他的圣诞节礼物，他不用花一美元！将来有一天我也要送你一部和这一样的车子，这样你就可以看到我一直跟你讲的橱窗里那些好看的圣诞节礼物了。”

保罗的眼睛湿润了，他走下车子，将小弟弟抱到车子前排座位上，小弟弟的眼睛里闪烁着喜悦的目光。于是三人开始了一次令人难忘的假日之旅。

在这个圣诞节，保罗明白了一个道理：那就是给予比接受更令人快乐。

人是否拥有快乐，并不是由财富的多少来决定的。由衷的快乐是来自于分享与付出，肯让你周围的人都能因为你的快乐，这才是一个人所拥有的真正的快乐。事情往往是这样，当你是接受方的时候，你只能体会到一个人的快乐，如果你是给予者，你自己会快乐，同时接受的人也会快乐，这样你就拥有了双重快乐。

成功和快乐需要分享

在生活中，不管是在公司也好，还是一些小单位，都非常重视团队精神，特别注重强调集体合作，反对个人英雄主义。尤其是在自己取得成绩的时候，更要懂得和他人一起分享成功和快乐，不能把大家的功劳揽到自己一个人头上，更不能目空一切，认为自己无所不能，自己是这个集体最有能力的人物，哪怕自己真的作出了一定的贡献，也要归于大家支持和帮助，不能一味地强调自己，不然只能走向孤立的境地。

而在生活中，恰恰有那么一些人，非常相信个人英雄主义，非常相信自己的个人能力，他们认为自己之所以能取得成绩，是因为自己才华出众，工作效率高，无视别人对他们工作的支持和配合。故而，在他们取得成绩的时候，既不感谢上级的正确领导，也不感谢他人的配合和支持，更不懂得和他人分享成果和快乐。结果，别人纷纷疏远他们，导致他们很不合群，成为不折不扣的另类，几乎被孤立了。尽管他们的个人能力非常出色，但是，无法在同事中搞好人际关系，缺乏群众基础，每当有新的晋升职位空缺时，他们往往只好眼睁睁地看着别人升上去，心里又气又恨，却又没有办法。

何琳近来的情绪非常差，因为她刚刚在在竞争办公室主任一职上遭遇了失败。

原来，何琳是办公室里的得力干将，在工作上，表现相当好，经常获得奖金。不久前，她们的办公室主任升职了。主任在临走前，特别向上级部门推荐何琳接任办公室主任一职。

而上级部门在对何琳的任命之前，例行做了对何琳所在办公室的一些职员一个调查，并且专门找了几个人谈话，无意间提到了何琳几次，结果同事们多说何琳“抠门”、“自私”、“不合群”、“孤傲”等。最后，上级领导部门经过慎重考虑，没有任命何琳为办公室主任，而是任命办公室另一个人缘好，但业绩一般的同事担任了办公室主任。这对何琳来说无疑是一个非常沉重的打击，情绪低落也在所难免。

但是，何琳为什么不受欢迎呢？原来，何琳的工作能力异常突出，经常被评为优秀员工，经常获得大笔奖金。而偏偏有一次，有一个同事吵着要她请大家到麦当劳去大吃一顿。但是，何琳却认为这是自己的劳动所得，理所当然，没有必要请大家，于是就拒绝了。没有想到，她这一举动不仅得罪了那个同事，而且还导致整个办公室的同事都对她有了看法。更让大家难以忍受的是在开会的时候，何琳在发言中往往只提自己的功劳，同事们的配合和帮助，她竟然只字不提。于是，一些同事开始对她有了微词。

有一次，何琳联系的一个客户打电话来找她。而这个时候，何琳刚好又出去了。她的一个同事居然在电话里说：“公司里没有叫何琳的，请以后不要打电话来！”以致后来，何琳在与该客户打交道时，被人家认为是骗子。有了这件不愉快的事，何琳与同事的关系越来越僵了。最终何琳被办公室的同事完全孤立了。

同事之间的关系也是一种竞争合作的关系。一个人取得了成就或多或少都离不开同事的帮助，因此，也应该懂得主动地与同事们分享。何琳的同事在她获得巨额奖金时，要求她“请客”，其实并不是要从她那里得到什么，只是想分享她成功的快乐而已。而何琳却固执地认为自己的努力所得与他人无关，这样必然会引起同事们的不满。彼此之间有了这样的隔阂，以后还能合作下去吗？还能得到大家的好口碑吗？口碑不好，没有群众基础，又怎么可能走上领导岗位呢？

身在职场，如果你取得成功时，能够慷慨地把自己的成功与同事们分享，同事们领了你的情，你还担心他们在今后的工作中不会一如既往地支持你吗？

在职场上，同事首先是你的合作者，然后才是你的竞争对手。你取得了成就，获得了荣誉，对他们来说，无疑是对他们晋职加薪的一种威胁。这个时候，作为一个精明的职场人士，不是沾沾自喜地独享荣誉和快乐，而是如何消除同事们的妒忌和不安心理。最好的办法是把你的成就和荣誉归功于大家，和大家一起分享。一旦同事分享了你的成就和快乐，不仅会消除对你的妒忌，还会为你“有福共享”的精神所感动。这样才会积累人脉，为更大的成功打下基础。

总之，一定要懂得和他人一起分享你的成果和快乐，如果你自私地独享荣耀，那么总有一天你会独吞苦果！这话不是危言耸听，身在职场，要想和你的同事相处融洽，一定要记住，有了成果或荣誉，要懂得和同事分享。这样才会有人支持你，你才能取得更大的成功，不然你只能沦落到被孤立的境地。

让幸福从学会分享开始

会分享是影响人成功的一种很重要的品质，也是让一个人幸福的重要因素。一位研究经济的人士写过这样的一篇文章《学会分享——成功企业家的秘诀》。这篇文章提到了一名企业家的分享精神。在经济危机到来之际，企业家指出："企业要想发展，要想成功，不仅要将自己的财富分享给别人，还要学会分享责任。"

通过一些成功企业家的经历可以发现，懂得分享的人才会有朋友，才能在日后确立自己牢固的人脉关系，才能为自己的事业开辟一片天地，而他也必然是一个幸福的人。

有一个企业家讲了自己亲身经历的故事：

这个企业家毕业于北大，当年在学校读书时，在他们宿舍有一个家住在北京的同学。这个同学每个周末都会回家，周日晚上会回来，他回来时会带上六个苹果。起初宿舍里的同学很高兴，以为是一人一个，结果他是自己一天吃一个，没有别的同学的份儿。宿舍里其他同学看在眼里，虽然表面上都没有说什么，因为苹果是人家自己的，不给你也说不出什么来，可是，心里都认为他太自私。因为他们一群男孩子在一起，有什么好吃的都是大家拿出来一起吃，吃光了为止，没有人会想着留给自己再接着吃的。

后来，他们宿舍有一个同学成功了，成了企业家。因为企业需要人手，这个企业家觉得还是同学可靠，就把当初同宿舍的几个同学都拉了过来一起干，但唯独没有邀请那个自己吃苹果的同学。这个同学的事业并不顺利，因为找不到好的机会，就给这个企业家同学打电话，恳请给他一个机会，也到他公司来工作。可是后来大家一商量，一致不同意他来加盟，原因很简单，因为在大学的时候他从来没有体现过分享精神。

现在某大型集团的总裁就是这样一个懂得分享的人。在学校时，他经常做一件看似很吃亏的事情：每天都拎着宿舍的水壶去给同学打水。本来，大家一起用水，应该大家来打，或者轮流来打，可是总裁不觉得打水是一件吃亏的事情，他每天都一个人来负责宿舍的热水。他不知道这件事会给他带来什么，但是认为自己也并没有因此吃亏。

十年过去了，总裁开创了自己的事业。后来企业，总裁知道单凭一己之力，难以支撑这个事业了，他希望到找合作者。然而，他也清楚最好是找志同道合的熟人。于是，他就跑到了美国和加拿大去寻找他的那些同宿舍的同学。要知道，他的同学发展得也很好，可是总裁一提出请求之后，他们都回来了。总裁都没有料到同学会这么给自己面子，后来，就问他们为什么这么做，同学们给了他一个十分意外的理由：“总裁，我们回来是冲着你过去为我们打了四年水。我们知道，你有这样的一种精神，所以你有饭吃肯定不会只给我们粥喝。”

一个人学会分享，并不是自己的东西越来越少了，并不是自己吃亏了，随着你与他们的分享，虽然看似少了，其实是数量增多了。与别人分享自己的东西，并不是吃亏，而是一种幸福。俗话说：“独乐乐不如众乐乐”说的就是这个道理。

关于分享，有过这样一段经典的话语：

当你拥有五个苹果的时候，千万不要把它们都吃掉，因为即使你把五个苹果全都吃掉，也只是品尝到了一种味道——那就是苹果的味道。如果你把五个苹果中的四个拿出来给别人吃，尽管表面上你少了四个苹果，但实际上你却得到了其他四个人的友情和好感。当别人有了别的水果的时候，也一定会和你分享。你会从这个人手里得到一个橘子，从那个人的手中得到一个梨，最后你可能就得到了五种不同的水果，尤其是收获更多的友谊。

所以，在生活中，我们要懂得学会分享，这样我们和他人才会得到更多的收益，我们的生活才会更加丰富多彩，我们的人生才会更成功，更幸福。多一些分享吧，世界会因此更加开阔，生活会因此更幸福。

有人这样说过，乐于分享，是一种心胸宽广、无私的表现。因为这种宽广和无私，你的世界才会变大。因为在你与人分享的同时，也会得到别人的回馈。与不同的人分享，你会得到不同的利益。所以，对我们来说，要抱有一种乐于分享的心态，不要因为担心一时的吃亏，而把自己封闭在一个小世界里。给自己更宽阔的心胸，更大的舞台，让我们的幸福从学会分享开始吧！

第十一章 学会豁达 憧憬喜悦的幸福

有了豁达，人的生活便融进几分和谐，便多了几许灵性和悟性，可以含笑而自信，既不自卑又不张扬。

豁达使你潇洒、坦荡、热情、开朗，可以给你带来快乐和幸福，也使你周围的人时时感到快乐和幸福。

学会豁达，多一些宽容，多一些礼让，少一些斤斤计较、少一些贪婪和嫉妒，生活将变得更美好，你将拥有人生真正的快乐！

豁达的人生更幸福

豁达是面对世事沉浮想要“胜似闲庭信步”的襟怀；是千百次失败后百折不挠，重新奋起的力量；是不畏讥讽、中伤、打击、陷害，义无反顾地走自己的路的勇气。豁达的人，能够摆脱荣辱、得失的烦恼。豁达更是一门活着的艺术，它让我们潇洒、坦荡、热情、开朗，不为欲望所累，不为烦恼所苦，是走向幸福的捷径。

孔子说：“从心所欲不逾矩”——既尊重客观规律，又积极突破那些可以突破的束缚。豁达的人，能把沉重的生活变得轻松，把繁锁的生活变得简单，把平凡的生活变得有趣。

有了豁达，人的生活便融进几分和谐，几多清静和宽适，便多了几许灵性和悟性。于是，可以更加热爱生活，追求卓越；可以静静而又坦然地走自己的路，可以含笑而自信，既不自卑又不张扬。

美国玫琳凯化妆公司的创始人兼董事长玫琳凯，这位化妆业的巨头，以她的智慧，缔造了世界化妆界的神话。从 38 年前一个 9 个人的公司发展到今天的拥有 75 万名员工的商业集团，20 世纪 90 年代初，公司销售额达 2 亿美元。很显然，她能够取得如此大的成功是值得我们学习的。

其实，玫琳凯之所以成功，这与她从小养成的豁达性格有很大的关系。在她很小的时候，父亲因病住院，母亲为了照顾全家人的生活，从早到晚在外打工赚钱。玫琳凯 7 岁那年，便担当起重病中的爸爸的厨师与护士工作。当时，个子矮小的她站在椅子上给爸爸做饭，做饭时，她要打20多个电话给妈妈。在电话里，妈妈一直用话激励着她："宝贝，妈妈知道你能做好，一定能！"正是妈妈这句话，让小小的玫琳凯有了自信，即使把饭做得不好，她也不沮丧，而是充满信心地迎接第二次的工作。7岁的玫琳凯正是在做这一切时，拥有了豁达的心胸。

然而，命运使者好像有意栽培这个豁达的女孩，在她27岁那年，她的第一任丈夫离家出走，留给她的是三个孩子。没有工作，没有积蓄，没有经济来源的她，面临着重重困难。第二天，这个平凡而又坚强的女性强装笑脸，走上社会，去谋生路。几经奔波，她终于找到一份既能照顾家又能干事业的直销工作。在工作当中，她以豁达的心胸对待竞争对手，以坦诚的笑与顾客交心。不久，她成为经验丰富的年薪2.5万美元的销售高手，并开始一步步地走上公司的领导职位。

在那个时候，在她心里，开始勾勒创办自己公司的蓝图。在49岁那年，她看到孩子们已经有了一份好工作后，就退休回家。退休后的玫琳凯，筹划起她"梦想中的公司"，而这个公司正是后来享誉全球的"玫琳凯化妆公司"。

玫琳凯生性豁达，与众不同的经历和丰富的工作经验，锻炼了她的口才。她曾用热情洋溢、充满激情的讲演激励着她的员工，激励着她的顾客。20世纪90年代的玫琳凯已经是曾祖母了，但她却笑着说："我觉得我才24岁。"在她眼里，豁达的心胸是不会随着年纪的增大而老去。她相信，一个豁达的人，是永远年轻而有活力的。

这便是一种豁达的胸襟。豁达是对自身、对外界的透彻理解，万事顺其自然，荣辱不萦于怀。换一种说法，就是提得起、放得下、丢得开。

豁达可以让世界海阔天空，豁达可以让争吵的两个人重归于好，豁达可以让多年的仇敌化干戈为玉帛，豁达可以让兵戎相接的两国和平友好。豁达就是这样的一种大智慧。豁达对平常人来说，更是幸福生活的调节剂，是走向幸福生活的捷径。

有了豁达，我们才能真正地做到拿得起放得下，才能真正地有徜徉在山水之间自由自在的从容，以及处事不惊的沉稳。豁达是理想与现实的契合点，是一种襟怀气度，是一种心境，更是一笔宝贵的精神财富。或许生活中总会有种种挫折和磨难，但是，只要我们怀着一颗豁达的心胸，相信天地会更宽广，生活会更幸福！

乐观让生活充满幸福

同样的半杯水，乐观的人看到的是希望，而悲观的人却把自己引向绝望的深渊。现实生活中未尝不是这样，同样的2000元的工资，对于乐观的人来说，有一个安定的工作，稳定的收入，衣食无忧，足矣；但是，对于悲观的人来说，这些钱不过是维持温饱，宁可错过，也不愿意去工作。

生活中我们经常会接触到两种人：乐观的和悲观的。悲观者会认为自己是“脚踏实地”的人。他们坚持认为人生艰苦，成功并不是举手之劳。他们相信，如果你能预见到事情会出差错，当真的出错时你才不会失望。

悲观者想证明他们的负面假设是正确的。他们用负面经验来对抗乐观主义。他们以为乐观的人是鸵鸟，只会把头埋在沙子里，根本就不了解人生的现实与艰苦。

不过，乐观的人也都明白，没人握有未卜先知的水晶球，没人可以准确地预知未来。在这个前提下，他们知道悲观主义者虽然很肯定事情定不会奏效，却仍任意猜测，并且假定这是真的。乐观的人相信由于没有人真的知道会发生什么事，所以还是乐观一点好，凡事往好的方向想，人生才会比较愉快，比较充实，内心才会有幸福感。

一个寒冷的冬天，纽约一条繁华的大街上，有一个双目失明的乞丐。那乞丐的脖子上挂着一块牌子，上面写着：“自幼失明。”有一天，一个诗人走近他身旁，他便向诗人乞讨。诗人说：“我也很穷，不过我可

以给你点别的！”说完，他便随手在乞丐的牌子上写了一句话。

那一天，乞丐得到很多人的同情和施舍。于是，疑惑的乞丐问身边的人：“他给我写了什么呢？”旁人便向乞丐念了牌子上诗人所写的句子：“春天就要来了，可是我却不能见到它。”

其实，牌子上的意思是一样的，诗人只是换了种表达方式，却换来完全不同的结果。生活中，每个人都无一例外地、多或少地承受着生活的压力和不如意，用悲观的意识面对生活中的痛苦只会让自己体会到更加深刻的痛苦和挫败感，而乐观的情绪却总会在不如意的境遇中发现希望，让阳光照进生活，让沉闷的心得到快乐，让人生从苦难的深渊走向幸福的殿堂。

有一个聪明的年轻人，很想在一切方面都比他身边的人强，他尤其想成为一名大学问家。可是，许多年过去了，他的其他方面都不错，学业却没有长进。他很苦恼，就去向一个大师求教。

大师说：“我们登山吧，到山顶你就知道该如何做了。”

那山上有许多晶莹的小石头，煞是迷人。每见到他喜欢的石头，大师就让他装进袋子里背着，很快，他就吃不消了。“大师，再背，别说到山顶了，恐怕连动也不能动了。”他疑惑地望着大师。“是呀，那该怎么办呢？”大师微微一笑：“该放下，不放下背着石头咋能登山呢？”

年轻人一愣，忽觉心中一亮，向大师道了谢走了。之后，他一心做学问，进步飞快……

其实，人要有所得必要有所失，只有学会放弃，才有可能登上人生的顶峰。

在人生路上，每个人不都是在不断地累积东西？这些东西包括你的名誉、地位、财富、亲情、人际、健康、知识等等。另外，当然也包括了烦恼、忧闷、挫折、沮丧、压力等等。这些东西，有的早该丢弃而未丢弃，有的则是早该储存而未储存。只有在了如指掌之后才会懂得放弃并善于放弃，只有在懂得并善于放弃之后才会敛集无尽的财富。

曾经有这样一个故事：古时候，一个少年背着一个砂锅前行，不小心绳子断了，砂锅也掉到地上碎了，可是少年却头也不回地继续前行。路人喊住少年问："你不知道你的砂锅碎了吗？"少年回答："知道。"路人又问："那为什么不回头看看？"少年说："已经碎了，回头何益？"说罢继续赶路。

听完这个故事，不知道你有没有一点感悟。这个少年是对的，既然砂锅已经碎了，回头看又有什么用呢？

这正如人生中的许多失败一样，已经无法挽回，再去惋惜悔恨也于事无补。与其在痛苦中挣扎浪费时间，还不如重新找到一个目标，再一次奋发努力。还是让我们学会放弃吧！像那个少年一样。不要因为失败而作无谓的自责和叹息。当我们真正学会放弃时，会发现那才是一种真正的超越，一种真正的战胜自我的强者姿态。

也许有时我们只看到了放弃时的痛苦，而忘记了那些如果我们不放弃就会得到的更大的痛。所以我们要学会放弃。

泰戈尔在《飞鸟集》中写道："只管走过去，不要逗留着去采了花朵来保存，因为一路上，花朵会继续开放的。"

为采集眼前的花朵而花费太多的时间和精力是不值得的，道路正长，前面尚有更多的花朵，懂得放弃，让我们拥有更多的美好，拥有人生的精彩，让我们一路走下去……

只有你心怀阳光，让心灵沐浴着阳光好好活着，生活才会随着心灵的指引走进一片明媚的春光。

曾有一位失明的音乐家一生创作了很多动人的音乐，而且每一首乐曲都描绘到了春花、流水、白云、青山等优美的景物。特别是作为希望和温暖象征的阳光更是在他的作品中反反复复地出现。他乐曲中所描绘的阳光不仅明艳照人，而且充满了柔情，非常富有艺术感染力。对此他的朋友感到很奇怪，问他，“你从来没见过阳光，却为什么能把阳光形容得如此淋漓尽致？”

盲人音乐家笑着回答：“虽然我看不见阳光，我却能每时每刻感受到来自心灵深处的阳光。而且这种心灵的阳光让我时刻感觉到自己生活在这个世界是一件多么幸福的事情。”

其实，人的一生中难免有生命的暗夜，比如该上大学的时候却因为家庭贫困而失学，上有老下有小的年龄却下岗，升职无望、恋爱失败、婚姻破裂等等，这些表面上不堪忍受的经历，却是生活从不同方向带给我们的机会和财富。只要我们懂得用心灵的阳光照耀自己，让心灵好好活着，我们的生活最终也一定会像我们的心灵一样阳光明媚。

世界上不会有哪条河永远波澜壮阔，人生也不会有哪条路永远笔直平坦。只要你相信哪怕自己面临着生活的绝境、情感的悬崖，生活中也总能找到一条希望之路，而这条路，也会引导我们走向幸福的殿堂。

生活中的阳光，不是靠别人给予的，它需要你自己创造；人生的幸福，不在于你获得多少，而在于你是否有一颗乐观的心，去体会人生，享受人生。乐观一些，心存希望，生活才会随着你心灵的指引，走进幸福的殿堂。

做自己喜欢的事情

烦恼是因为欲望太多，不知道何去何从；烦恼是因为我们身不由己，百事缠身。只有摆脱烦恼，我们才能让心灵获得富足，才能让我们的人生幸福。对大多数人来说，能够做自己喜欢的事情，这无疑是幸福的。

不管在生活中还是工作中，只有将自己投入到自己喜欢的事物中，才能使自己快快乐乐地勇往直前，才能真正地获得快乐和幸福。你还记得儿时的梦想吗？你还记得大学毕业前的愿望吗？你还在为名利苦苦奋斗，被烦恼所困吗？你找到了幸福的答案了吗？做自己想做的事情吧，相信你很快就会找到属于自己的幸福。

汉德·泰莱是纽约曼哈顿区的一位神父。

那天，教区医院里一位病人生命垂危，他被请过去主持临终前的忏悔。他到医院后听到了这样一段话："仁慈的上帝！我喜欢唱歌，音乐是我的生命，我的愿望是唱遍美国。作为一名黑人，我实现了这个愿望，我没有什么要忏悔的。现在我只想说，感谢您，您让我愉快地度过了一生，并让我用歌声养活了我的6个孩子。现在我的生命就要结束了，但死而无憾。仁慈的神父，现在我只想请您转告我的孩子，让他们做自己喜欢做的事吧，他们的父亲是会为他们骄傲的。"

一个流浪歌手，临终时能说出这样的话，让泰莱神父感到非常吃惊，因为这名黑人歌手的所有家当，就是一把吉他。他的工作是每到一处，把头上的帽子放在地上，开始唱歌。40年来，他如痴如醉，用他苍凉的西部歌曲，感染他的听众，从而换取那份他应得的报酬。

黑人的话让神父想起5年前曾主持过的一次临终忏悔。那是位富翁，住在里士本区，他的忏悔竟然和这位黑人流浪汉差不多。他对神父说："我喜欢赛车，我从小研究它们、改进它们、经营它们，一辈子都没离开过它们。这种爱好与工作难分、闲暇与兴趣结合的生活，让我非常满意，并且从中还赚了大笔的钱，我没有什么要忏悔的。"

白天的经历和对那位富翁的回忆，让泰莱神父陷入沉思。当晚，他给报社去了一封信。信里写道："人应该怎样度过自己的一生才不会留下悔恨呢？我想也许做到两条就够了：第一条，做自己喜欢做的事；第二条，想办法从中赚到钱。"

后来，泰莱神父的这两条准则，被许多美国人信奉为生活的信条：做自己喜欢做的事，生活才能愉快；想办法从中赚到钱，才能获得经济保障，维持生活。果真实现了这两条，在物质和精神生活方面都可算是成功了，自然而然，人生的幸福也就到来了。

对我们每个人来说，我们都喜欢做自己想做的事情，有人喜欢写作，有人喜欢舞蹈。正因为有这些爱好的存在，你可以为你的生活添加滋味，同时也可以借着它实现自己的理想，成就你的幸福人生。

很多人有这样一个误解，即以为要痛苦才能赚钱，辛辛苦

苦才叫工作。其实不然，真正赚钱、真正成功的人，不会是为赚钱而痛苦的人，因为他们做的是自己乐意做的事，是兴趣所在，赚不赚钱对他们来说并不是最主要的，他们只负责让自己快乐和幸福。可奇怪的是：钱似乎也喜欢快乐的人，所以他们既成功又幸福。

一位名人曾经说过："一个人一生只能做一件事。"他所说的一件事，实际上就是指某一项宏大的事业。一个人本事再大，精力再多，寿命再长，无论如何也不可能把三百六十行都尝试到，他所做的事情实在是有限的。因而，一个人要实现人生的价值，就得珍惜这有限的时间，就得选择最适合于自己去做的事。不要什么都做，结果什么都做不好，既浪费了时间也浪费了生命，徒留悲伤在心中。

或许，在很多人看来枯燥无味的事情，对你来说是非常感兴趣的；或许，你因为忙着商场、官场的林林总总，生活让你失去了方向；或许，你做过很多事情，但是，依然没有找到幸福的方向……

那么，从现在起，做自己喜欢做的事情吧。让我们从欲望带给我们的烦恼中解脱出来，让幸福的味道充满在我们生活的每一个角落。

倒掉鞋里的那粒沙

古人云："缠脱只在自心，心了即是净土。不然，纵一琴一鹤，一花一竹，嗜好更清，魔障终在。"也就是说一个人的烦恼并不是外界所能给予的，而是由自己的内心所决定的，只要一个人的心态好，即便是住在肮脏的地方也会将其当成是净土，相反也一样。

法国启蒙思想家伏尔泰说过，使人疲惫的不是远方的高山，而是鞋里那粒沙子。当你在行走时，如果鞋中有一粒沙子，就会磨脚，就会影响行走。而当鞋子中出现沙子之后，不同的人会有不同的选择，有的人选择忍住磨脚的痛苦继续行走；有的人则会选择就此停下来；而有的人则会停下来将鞋中的沙子倒掉之后继续前行。而在这三种选择中最正确的一种选择则是停下脚步，将鞋中的沙子倒掉，然后继续前行。

在人生道路的漫漫旅途中，烦恼就可能成为阻碍我们前行的一粒沙。而为了能够顺利的到达目的地，我们就要及时地将这粒沙倒掉。如果怕倒沙子浪费时间，而不去倒掉这粒沙，最终我们就将因为烦恼的阻碍而无法顺利的成功。

人生的旅途中，难免会遇到一些烦恼，诸如高考落榜、工作不顺利、感情上遇到挫折等等，有时甚至会对人生失去信心。而对待烦恼最正确的方法就是摆脱烦恼，做一个生活中的达观者。

有一位刚刚失恋的女孩，心中很痛苦，也成了她烦恼的根源。于是她每天都会坐在公园的一个角落里伤心的掉眼泪，任凭朋友怎么劝她，这种烦恼和痛苦都无法从她心中消除。

正好，一位智者从此经过，看到这个可怜的女孩，于是决定帮帮她。智者并没有去劝这个女孩，而是对这个女孩说了一句话："失去他你只不过是失去了一个不爱你的人，而失去你他则失去了一个爱他的人。因此真正损失的不是你，而是他。你又何必为此而痛苦和烦恼呢？"

智者的这句话，让女孩心中豁然开朗，心情慢慢好起来了，也不再为此而烦恼和痛苦了。

诗人亨雷曾经写下一句富有哲理的诗句："我是我命运的主宰，我是我灵魂的船长"。这句话就是告诉我们：我们每个人都要学会掌握自己的命运，控制自己的情绪。而真正能掌握我们自己命运，控制我们情绪的也只有我们自己。情由心生，只要我们能改变感情的支点就能很容易地将心情改变，只要改变心情，就会改变世界。人生有许多喜怒哀乐，只要我们看它们的角度不同结果就会有所变化，对于同一件事作一个转向思考，世界可能从此不同。

客观世界是不可改变的，太阳每天都会从东方升起，地球每日都会不停的旋转。我们唯一能做的就是改变自己的心情，学会调节自己的心情，没有必要为一些琐碎小事而烦恼。就像对于失恋这样的事情，它并不会因为我们的心痛而有所改变，而如果我们对此一直无法放手，这将只会滋生我们自身的烦恼。对此我们应该让自己快速地从烦恼的阴影中走出去，该放手时就放手，这是一种对他人也是对自己心灵的一种解脱。

人都是有感情的，在工作和生活中，遇到烦恼是很正常的，而关键在于我们如何去对待烦恼。历史上有很多的名人志士，他们都曾经遭受过挫折和磨难的打击，但是他们并没有让自己深陷于苦恼之中，与此相反，他们积极地对待生活，与命运顽强的抗争，在逆境中发愤图强，充分展示了一种事业至上和积极进取的乐观精神。

摆脱烦恼首要的就是要有一个正确的价值观念，在今天这个社会中，人们得失观念、攀比心态的滋生，严重侵蚀了人们仅剩的自爱、自立、自强理念，关闭了人们的乐趣、乐观的大门，使人在生存空间里始终处于高压态势，无暇去发掘快乐的资源，视得失为首位，让自己的生活失去本真，远离欢声笑语，这是不幸的、失败的生活。人的能力有大小，我们要学会欣赏自己，肯定自己，平视名利，平淡得失。不要让抛不掉的烦恼时时牵引着我们的思维，不要让自己陷入萎靡不振的境地。身心的健康是上苍赋予我们最珍贵的财富,我们要学会珍惜，懂得珍惜。摆脱烦恼，让自己的机体更加强健，让自己的心理更加轻松，只有不停的搜寻和传递快乐，才是我们最好的选择。

如果你有鸿鹄之志，那么你对于自己脚下一些燕雀的闲言碎语还会很在乎吗？摆脱烦恼的束缚，倒出人生前行路上的沙子，首先要提高自己的认知水平，改变自己的人生观和价值观，改变自己对一些事情的成见，把眼光放远一点。要善于看到事物好的一面，最好能走出自己生活的小圈子，让外边的美好世界来慢慢地改变你的心境。只有这样，你才能渐渐地走出烦恼，走向幸福！

豁达造就幸福

豁达是一种超然，是一种智慧，是一种风度，是一种修养，是一种洒脱……对豁达的人来说，他们不会去幻想人生多么的圆满，也不幻想在生活的四季中享受所有的春天。因为他们知道每个人的一生都注定要跋涉沟沟坎坷，品尝苦涩与无奈，经历挫折与失意。正是他们明白失意并不可怕，受挫也无需忧伤，所以，他们坚定了自己心中的信念。而正是这样豁达的心胸，即使在他们遇到困难的时候，他们依然乐观地接受，正是这样豁达的心胸，让世间的欲望和烦恼变得渺小，让他们获得了人生的成功与幸福。

豁达的心态，是值得我们每一个人学习的。生活中磕磕碰碰的事总是难免，有时候我们也会遭到别人的嫉妒或者侮辱，甚至他们会对我们造谣中伤；此时保护自己最好的办法就是用豁达、宽容、快乐的态度去看待，这样就不会计较人生中的得失，只有这样，我们才能让自己的心灵永远处于一种愉悦的状态，我们的人生才会幸福。

豁达是一种修养，一种气质，一种人生的大智慧。它的真正内涵是一种不在意，不计较得失，用宽容的心去看待生命中的每一次起伏跌宕。如果能拥有这份豁达的心怀，你将会获得生活的欢乐和事业的成功，你才能谱写出人生中幸福的乐章。

在美国一个市场里，有个姓赵的中国妇人开了一个小店，生意特别好，引起其他商贩的嫉妒，大家常有意无意地把垃圾扫到她的店门口。

这个中国妇人只是宽厚地笑笑，不予计较，反而把垃圾都清扫到自己的角落。旁边卖菜的墨西哥妇人观察了她好几天，忍不住问道："大家都把垃圾扫到你这里来，你为什么不生气？"

中国妇人笑着说："在我们国家，过年的时候，都会把垃圾往家里扫，垃圾越多就代表越会赚钱。现在每天都有人送钱到我这里，我怎么舍得拒绝呢？你看我的生意不是越来越好吗？"

从此以后，那些垃圾就不再出现了。

宋代词人辛弃疾曾说过："叹人生，不如意事，十常八九。"在异国他乡，遭到排挤，受到攻击等如此不如意的环境下，中国妇人用她的宽容为自己开拓了一片天。老妇人的做法是一种充满智慧的处世之法。她用豁达宽容的心，为自己创造了一个融洽的人际环境，从而将这种有形的诅咒化为无形的祝福，赢得了同行的欣赏与敬佩。

对我们来说，欲望只能给我们带来烦恼，欲望让我们变得斤斤计较，欲望束缚了我们自由成长的心灵，欲望阻碍了幸福的到来。所以，当我们面对欲望的时候，当我们的生活中充满烦恼的时候，我们不妨学着豁达一点，让世界海阔天空，化干戈为玉帛，在人生的旅途中多一些朋友，在人生之路上品味幸福的味道……

学会豁达，让心灵更纯静

“草色人情相与闲，是非名利有无间”我们应当怀有一颗豁达之心，努力做到“不以物喜，不以己悲”，豁达是一种宽大的气度，是一种坦然的心态。

在人生漫漫旅途中，我们会遇到各种各样让我们悲伤痛苦的事情，而在这时拥有一种豁达的心态是至关重要的。豁达的心态能够让人从挫折的阴影中迅速地走出，能够让人坦然地看待人生的失意。豁达是一种智慧，是一种人生更高的境界。豁达的人，心胸开阔能容天下物，能够使自己做到“宠辱不惊，看庭前花开花落；去留无意，望窗外云卷云舒”，无论得失，都能坦然处之。

在一个三伏天，小和尚看到禅院的草地枯黄了一大片，很是难看，就跟师父说：“师父，我们在上面撒些草种子吧？”师父回答道：“等到天凉的时候吧！随时吧！”

中秋的时候，师父带回来一袋草种子，叫小和尚洒在院子里。这时刮过一阵秋风，很多种子都被吹飞了，小和尚喊道：“师父，种子被吹跑了。”师父说：“没关系，被吹跑的种子多半都是空的，种下也不会发芽，随性吧！”

种子撒完后，有几只小鸟飞过来啄食。小和尚又喊道：“师父，不好了，种子都被小鸟吃了。”师父接着说道：“没事，种子多吃不完的。随遇吧！”

等到半夜的时候，下了一场大雨，小和尚早上匆忙跑出去看，跟师父说道："师父，好多种子都被雨水冲走了，怎么办啊？"师父淡然地说道："冲到哪里就在哪里发芽吧，随缘吧！"

一个星期之后，禅院原本光秃秃的地上长出了很多嫩芽，就连最初没有撒种子的地方也长出了嫩芽，小和尚兴奋的直拍手，师父坦然地说道："随喜啊！"

"随"是顺其自然，把握机缘，不强求，不悲观，不忘然。就像金无赤金一般，生活也不会没有一点缺憾，因此我们不应该去抱怨，更不应该悲观失望，而应当怀有一颗豁达的心，顺其自然。就像人要想获取成功就应当顺应天时地利，而不应当逆天而行。不要幻想生活中的每一天都会温暖如春，人生中难免有坎坷和无奈。有时磨难是上天给予我们的另一种馈赠，它能磨练我们的意志，让我们变得更加坚强。

在失意和受挫之时，让豁达之心引导我们迅速地从悲伤中走出来。风雨过后终究会见彩虹，就像今天的太阳落下去了，明天的太阳依旧会照样升起来，就像秋天的落叶洒满大地，春天又将焕发出勃勃生机。豁达是人生的一种洒脱，是对自己内心的一种解脱，是生活练就的一种成熟。

有一对夫妇在婚后十二年喜得贵子，两人对这个小孩喜爱倍加。小孩三岁的时候，有一天丈夫在上班出门的时候，看到桌上放了一瓶药，那瓶药打开了没有盖上。丈夫急着上班就大声的嘱咐妻子把药收好，妻子在厨房中忙得不行，很快就把丈夫的话给忘了。小孩看到那瓶开着口的药，很是新奇，又被药的颜色所吸引，就全吃完了。药的成分很厉害，小孩服用的严重过量，等将小孩送到医院的时候，已经回天无术。妻子很伤心，而且还觉得很是惭愧，不知道该怎么面对丈夫。丈夫匆忙地赶到医院，听到噩耗，也非常的难过，但他看到伤心的妻子后说了一句话："我爱你，亲爱的。"

这位丈夫的这句话中包含着多么大的包容，多么大的人生智慧，也需要有多么久的修炼啊！ 不幸已经发生，无力改变的事实，应当怎么去面对，关键在于我们的心态。不要去责怪，也不要去怨天尤人，事情不会因为你的悲愤而有所改变，而你的怨气只会让以后的生活更加痛苦。所以，我们坦然一点，豁达一点，放下过去，勇敢地活下去，让你豁达的心态来给未来的生活带来光明，这样你会发现事情并没有你想象中的那么糟。我们应当让自己的豁达心态来改变未来，而不是让外界的事物影响了自己的心情。

普希金说过："阴郁的日子里须要镇定"。当我们处于人生低谷时，不要逃避，不要悲观，豁达一点，坦然接受。豁达的心可以开拓出更广阔的人生天地，豁达是一种超然的境界，是人生的大智慧，就像王维"行至水穷处，坐看云起时"般的超脱。用豁达之心对待人生，你就不会被名所累，被利所困，我们便会拥有成熟、纯美、洒脱的人生。

第十二章 拥有自信 开启未来的幸福

幸福和自信都是一种心态，一种有参照物的心态。现在的生活相对于以前是一种幸福。自信是站在一定物质条件或精神条件上的自信，否则就是自负。如：有既定的目标，在自身条件下在规定时间段内能实现。

幸福有翅膀

幸福是什么？有人说，幸福是一个人能做自己喜欢做的事情，并且在做的过程中实现自身的价值。有人说，“幸福不是那种惊天动地的事，而是我们生命中那些温暖的瞬间，那些美好的时刻，那些让我们铭记在心，让人久久体味的真情。”

一个女人和一个男人恋爱了。女友有一次看到人家手上戴的白金戒指很漂亮，就羡慕的说:我也要有。男人看在眼里，可是他实在太穷，买不起好看的白金戒指。不久，在女人过生日时，男人送给女人一个用那种透水油纸包着的纸戒指。很别致，重重的，正在恋爱中的女人戴在手上，左看右看，就觉得自己真的好幸福。

女人后来嫁人了，新郎却不是他。虽然她很爱他，她不想嫁给他，她嫁给了一个有钱的男人。是的，女人结婚的时候，从耳朵、脖子，至双臂，以至于脚踝，全身白金、黄金，金光闪闪。她把男人送给她的纸戒指塞到抽屉的角落。可是不久之后，她那多金的老公因为公司出事，陷入困境，老公也因此涉及不法行为，锒铛入狱。女人悲从中来，忽然就忆起了送她纸戒指的男人。

一天，女人在街上不期而遇那男人。男人很大方，邀女人到他家坐坐。男人也结婚了，住在租来的房子。女人看到男人家里的摆设，仍然是很清苦的样子。男人的妻子替女人倒茶，女人看到男人的妻子手上也戴着和被自己扔在抽屉角落几乎一模一样的纸戒指。男人的妻子离开客厅的时候，她可以感觉男人过得很幸福，而他的妻子也是。不像自己一无所有，连丈夫都身陷囹圄。后来女人在一本杂志上看到一篇文章，题目是“纸戒指”，作者毫无疑问就是他。女人看完文章后，便一切都明白了。她迅速打开抽屉，摸出了被她丢在角落里沾满了灰尘的纸戒指。她小心地将油纸剥开，剥着剥着，眼前赫然就是一只纯纯正正地白金戒指。文章里说，为了买这只戒指，在那个贫穷的年代，男人只好瞒着女人去卖血，因为女人的生日就迫在眉睫，去赚、去借都来不及了。女人哭了，眼泪滴在戒指上。女人随后又将纸戒指小心翼翼的放回去。

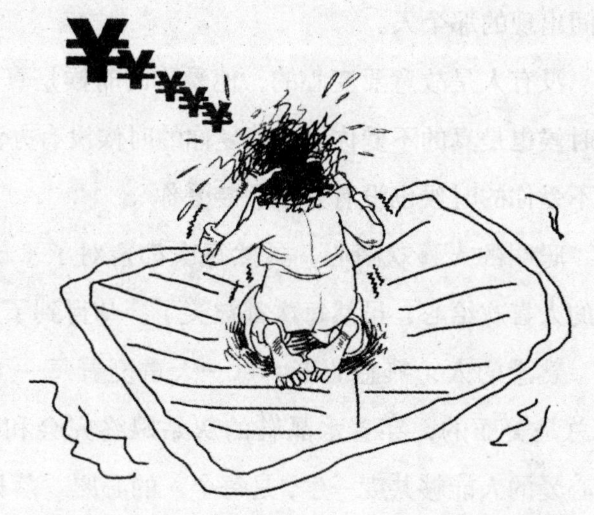

从此，女人不论上班下班都只戴着纸戒指，同事们都赞赏她的戒指精致又好看，有创意，问她是谁送的，女人不禁黯然，说:很多东西，要等到失去了,才知道它的珍贵。在对的时间,遇见对的人,是一生幸福；在对的时间，遇见错的人，是一场心伤；在错的时间，遇见错的人，是一段荒唐；在错的时间，遇见对的人，是一阵叹息。其实有些事情，真的是没得到的时候，最珍贵、美丽。

你是否分得清楚谁是你最爱的人，谁是最爱你的人，谁是你要共度一生的人．你最爱的，往往没有选择你；最爱你的，往往不是你最爱的；而最长久的，偏偏不是你最爱也不是最爱你的，只是在最适合的时间出现的那个人。

没有人是故意要变心的，他爱你的时候是真的爱你，可是他不爱你的时候也是真的不爱你了，他爱你的时候没有办法假装不爱你；同样的，他不爱你的时候也没有办法假装爱你 。

聪明的人喜欢猜心，虽然每次都猜对了，却失去了自己的心；傻气的人喜欢给心，虽然每次都被笑了，却得到了别人的心。

熟悉的人，熟悉的事。每一天重复着每一天，就像故事一样，童话总是美丽的，穿着水晶鞋的灰姑娘终究会和王子过着幸福的生活。和心爱的人能够共度一生，是每个人的心愿。落日夕阳中，垂落的谷穗，一定也曾想让自己的念想实现吧！夕阳无限好，只是近黄昏。“我看见，每天的夕阳也会有变化，天边的云彩幻变出一双隐形的翅膀，带我去飞，带我去寻找自己的幸福。”

张开双手，让我的隐形的翅膀带我飞翔，飞得再高也不会害怕，因为我看见自己的梦想像一朵朵美丽的花儿……

我的幸福我做主

人人都在渴望幸福，人人都在感受幸福。幸福有时很抽象，有时又很具体；幸福有时很遥远，有时又近在咫尺。奉献是幸福，获得是幸福，享受是幸福…… 一句祝福的话语是幸福，一个理解的眼神是幸福…… 幸福是心灵的感受，是生命的体验。

什么是幸福？对于幸福的定义，一百个人心里应该有一百个模样，有人觉得幸福就是拥有有品质的生活，也有人认为幸福能让人饮水饱，还有人认为幸福就是简简单单，千百年来人们一直在争论这个问题。但争论归争论,老百姓该怎么生活照样怎么生活。无论你处于什么时代，无论你生活在什么地方，只要你有七情六欲，只要你为名所累、为财所惑、为情所困，不快乐的感觉就会永远萦绕在你的身边，而幸福就像是天边的彩虹，很美但转瞬即逝。

哲学家说，幸福是人类最美好的情感体验，也是生命价值的终极追求，是“我们天生的最高的善”。

对于世俗之人来说，有人认为幸福的基础是金钱，幸福的保障是权力，幸福的关键是获得事业成功，但千百年来无数事实又总在证明：有权有势者、财源滚滚者、事业成功者未必幸福。也就是说，幸福不能与金钱、权力、事业画等号，正如美国一些心理学家根据对 275000 余人进行的 225 项研究得出的结论：虽然以前的研究认为幸福来自成功和成就，但是实际上幸福是积极情绪的结果。

因此，我们可以肯定地说，幸福是一种心态，是一种选择，更是一种境界！如果你认为，“天下熙熙皆为利来，天下攘攘皆为利往”，那么，幸福就是名和利，只要你在对名利的追逐中不迷失自我、不丧失做人的底线，我相信你是幸福的；如果你是“躲进小楼成一统，管他冬夏与春秋”，那么，幸福就是“老婆孩子热炕头”式的平民生活，只要家人认同，其乐融融，我相信你也是幸福的；如果你常常为自己的祖国而感动：“为什么我的眼里常含泪水？因为我对这土地爱的深沉”，并身体力行之，那么，幸福就有了高度、宽度和深度，无疑，这种视祖国和人民的利益高于一切的人不仅是幸福的，而且祖国和人民也会永远记住他！

关于这份答案，你信也好不信也罢，没有一把尺子可以去丈量幸福。关键在于，幸福是一个人在特定心态下的自我选择，最起码，我们都能像诗人海子那样，大声吟诵：“从明天起，做个幸福的人”，“那幸福的闪电告诉我的，我将告诉每一个人”，别自艾自怜，更别怨天尤人。而且，在追求幸福的道路上，我们唯一可以也应该坚持的是：我的幸福我做主！无论是富有还是贫穷，无论是崇高还是平凡，无论是获得还是失去，无论是健康还是疾病，当你仰望“头顶灿烂的星空”，当你坚守“崇高的道德准则”，你一定无怨无悔，自然，你就是一个幸福的人！

当越来越多的朋友、同事、亲人传来‘幸福’的消息，谁要结婚

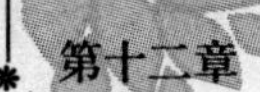

了或是谁当妈妈了！听到这些喜讯，不由得就让人或肯定他（她）找到了幸福，或疑问他们这样是否就幸福。这是可以见到的最直白的幸福——爱情带来的幸福！

总是有人问幸福在那里？也总是有人说什么是幸福？谁才是幸福的？谁又能幸福一辈子？

随着时间的推移，我们也会变老。或许到了那个时候我们的感情也会禁不起时间和现实的冲击，现在的爱和情在那以后都不再有那么美丽的色彩，会不会也将遗憾上演？再过几年，几十年，幸福还在不在我们的身边？我们的幸福，我们自己做主。也许，只要珍惜眼前，过好现在的分分秒秒，抑或幸福会终身垂青于我们。

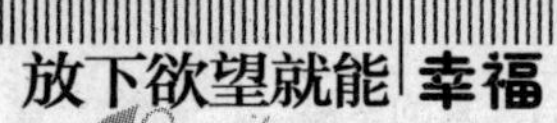

幸福人生源于快乐

幸福的人懂得怎样控制自己的思想。他们不会让消极的情绪控制自己。当一个情况看起来可能对某人不利的时候，幸福的人会从积极的方面来考虑。他们坚信再糟糕的情况里也有积极可取的地方。你的精神世界可以成就你也可以毁灭你，所以要好好保护它。

幸福的人不会为了幸福去追求那些他们没有的东西。他们不需要特定的工作或者是特定的薪水。恰恰相反，他们学着从自己的拥有获得幸福。他们学会了满足的艺术。满足于自己所拥有的，你就能变得快乐。

我们每个人自出生那天起，就开始了体味人生。想要拥有幸福的人生，必须去努力创造。努力学习、奋发向上去创造精神和物质财富的过程应该是幸福的，幸福就源于快乐。人生所遇到的喜、怒、哀、乐，也需要以积极的心态去对待。对待人生过程中走过的每一天，快乐是根本。快乐少了，幸福也会减少。

在日常的生活和学习中，你可以尝试着用我们已经拥有的一切，去比较想要得到的；假如你能够去多看多想生活中已经得到的，或许可以少些贪恋，你就会迈步走向收获眼前的快乐和幸福。喜、怒、哀、乐人人有之。喜为先。幸福从快乐开始。短暂的人生之中，人最难克服的即是如何控制人固有的贪恋。人的一生都会与贪婪、贪恋同行。人们都会说知足而乐，可人却恰恰因贪恋而难以知足。

要想得到快乐其实很简单，有时俯拾即是。比方说：衣食住行。有衣穿，保温暖，相比不能够穿暖的人，你是幸福和快乐的。再比如说吃，你能够吃饱喝足，你可以想想还有更多人没法吃饱穿暖。应该说每个人都可以而且能够从生活中小的快乐开始去聚积快乐和幸福。你可别忘了，小幸福和小快乐是完全可以聚积成大幸福大快乐的。只要你懂得了幸福和快乐的道理，就会拥有更大的快乐和幸福。

在生活中要学会如何去战胜自我，挑战人生。你应当知晓，你应该为自己人生中所取得的每一个成绩去感到自豪。工作之中，无论你所取得的成绩大小，都要用每次的成功去鼓励自己去再次的努力学习和奋斗。你一定要学会如何去制定人生的目标，也只有制定了人生的目标，你才可以努力去实现自己的人生目标。每个人在一生中都会有无数个心愿，可你要知道：人生的一切愿望都实现于行动中。你努力了，你的心愿才会一个个去达成。快乐也可以从帮助别人的过程中得到。帮助别人从点滴开始。要想获得帮助别人的快乐，你得首先要学会力所能及地去帮助别人。只有去行动，去实践帮助别人，你才能够在关爱之中收获幸福和快乐。

要学会感激生命的存在，要感恩带给我们幸福和快乐生活的社会，更要学会感恩父母。

你的生命是父母给予，在生命存在的过程中，你要让自己也能够教会自己如何去快乐地生活。要学会如何去珍爱生命、热爱生活。生活中的每一天对于我们来说都是一份珍贵的礼物。

在人生的过程中，要学会如何去欣赏美好的事物。大家都喜欢人温柔的一面，因为温柔给予人的感觉是美好的，所以我们每个人都要用微笑去鼓励别人和自己。当然，你更要学如何会面对生活中所遇到的困扰，要敢于去面对那些我们每个人都会遇到的生活中、学习中、工作中棘手的困难和问题，你还要学会解决这些困难和问题的方法；要正确看待人生中所遇到的问题和困难，就得对所遇困难要不回避、不气馁、下决心解决困难。

在我们短暂的人生旅途中，会因曾经的经历而累积伤感和怨气，因此而背上沉重的生活包袱，这时你就要学着丢弃包袱。每一天的进步中是因为你存储了生活中好的经验和体会。所以你只有学会了如何卸下过去累积的重负，才能够轻松快乐地面对人生的今天和明天。

在人生之中，我们总会去关注别人如何看自己。其实你明白么？看自己如同看别人。这就是说，很多时候，需要我们换位思考。要学习和掌握看待事物的方式。你要明白：他人经历过的烦忧有时也会变成是自己的。生活和工作中带给我们的悲与喜、苦与乐，只不过是我们生活的角度不同而已。

总而言之，我们每个人都要学会享受生活，这个时代变得愈来愈丰富多彩了。我们也要学会如何才能更加快乐健康地去生活。希望每个人都可以去享受生活在这个时代中带给我们的一切。幸福源于快乐！快乐是幸福人生的源泉！

幸福，只有在你的内心平和的时候才前来拜访。它来自你的内心，不幸，总是属于把自己的幸福“押在你身上了”的人。幸福，总是属于把自己的幸福“握在自己手里”的人。我们能把幸福“握在自己手里。”生活中我们有种种经历，随着时间的流逝，我们发现，这些仅仅是人生路上的调味品。如果你能在高兴的时候欢呼，在痛苦的时候哭泣，那你就是幸福的。我们在人生舞台扮演着各种角色，比如好人，比如能人。无论什么角色，只要投入演出，你就会感到幸福，而被太多的角色左右时，则会让你陷入不幸之中。“幸福是这样的……”我们给幸福下了种种定义，可是有时候，事情会完全出乎意料，那一刻，最幸福。

听别人说着高兴的事情，不知不觉中入眠。那一瞬间，叫幸福，幸福是平凡的存在。有名了，出彩了，引人注目了，都会很麻烦，幸福多属于安于平淡的人。

真要获取自己的人生幸福，最终还是自己的内心要达到那种快乐的境界，心态的修炼最重要。古时候，有个老婆婆，她有两个女儿，大女儿卖雨伞，小女儿卖布鞋。天晴的时候，老婆婆担心大女儿的雨伞卖不出去，她伤心；雨天的时候，老婆婆担心小女儿的布鞋卖不出去，她也伤心，日久，人就越来越憔悴了。后来，有个智者知道这个情况，对她说："老婆婆，你为什么不反过来想呢？晴天的时候，你小女儿的布鞋卖得出去，你该高兴；雨天的时候，你大女儿的雨伞卖得出去，你也该高兴。这样不两全其美吗？"老婆婆一听很有道理，从此便是不管晴天还是雨天，她都高兴不已，人看起来也年轻了不少。换一种心态，就换了一种人生，幸福其实也就这么简单，关键是看你的心态。

第十三章 点燃热情 唤醒沉睡的幸福

热情是快乐的秘方，是成功的催化剂。如果你是一潭充满热情的活水，你就拥有了日新月异的动力，你就拥有了热情四射的活力。生活需要热情，那种平淡无味、死气沉沉的生活给人一种衰亡的感觉。

爱上热情，幸福离你不远了

热情就像是鼓动船帆的风，没有了风，船就无法行驶。生活中需要灵感，灵感可以催生不朽的艺术。热情能够创造不凡的业绩，产生伟大的灵感。缺乏热情的生活，疲沓涣散，平淡无味，快乐也就烟消弥散。

美国文学家爱默生曾写道："人要是没有热情是干不成大事业的。"大旅人乌尔曼也曾说过："年年岁岁只在你的额上留下皱纹，但你在生活中如果缺少热情，你的心灵就将布满皱纹了。"

有些人在等待自然的召唤，有些人渴望承担着天降的大任；有些人没什么热情，只希望生活中有一两件刺激的事就足够了，那么这样的生命只是一个逐渐衰退的过程，而有些人则喜欢无限的狂热激情，当他们追逐一个目标时，觉得自己全身充满热情，用自己的方式活出热情。

富有热情的人，就像一台永不停歇的发动机一样，永远充满着能量，并且会感染身边的环境，让身边的人们也都热情洋溢。人们有了热情，就能把额外的工作视作机遇，就能

把陌生人变成朋友；就能真诚地宽容别人；就能爱上自己的工作，不论他是什么头衔，或有多少权力和报酬。人们有了热情，就能充分利用余暇来完成自己的兴趣爱好。人们有了热情，生活变得快乐。

世界闻名的大提琴家 P. 卡萨尔斯当年已 90 高龄，还是每天坚持练琴四五个小时，当乐声不断地从他的指间流出时，他的俯曲的双肩又变得挺直了，他的疲乏的双眼又充满了欢乐。美国堪萨斯州威尔斯维尔的 E. 莱顿直至 68 岁才开始学习绘画。她对绘画表现出极大热情，在这方面获得了惊人的成就，同时也结束了折磨过他至少有 30 余年的苦难历程。

热情是人必不可少的精神要素。热情是成功的催化剂。要想有所作为就应该像热爱恋人那样热爱生活。对生活充满热情、人情和欢情的人可以享受生活中那美妙动人的旋律。

人们有了热情，就会产生浓厚的兴趣爱好；就会变得心胸宽广，抛弃怨恨和仇视;就会变得轻松愉快，当然，还会消除心灵上的一切皱纹，也就没有了生活的挤压感。

要想懂得享受人生、把握人生，就要充满热情，即使在生活平淡如水时也能发现热情的所在。要积极地调整自己,让平静的水面泛起涟漪，时时刻刻让自己保持对生活和个人的热情和信心。要始终保持饱满的热情，这样才会有旺盛的思考力和创造力。生活也会变得更加快乐。

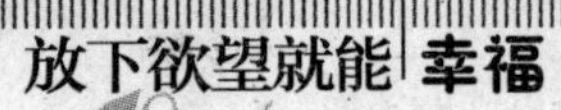

用热情的火种融化冷漠

失意的男人不修边幅，牢骚满腹，好像整个世界都对不起他似的，失意的女人不善打扮，意志消沉，好像世界末日就要来临了一样，二者异曲同工，其实都是对生活失望，对自己不自信的表现，也是对别人的不尊重，是在走自我毁灭的道路。试想，你自己对生活都没有了激情，有谁愿意整日里看你的冷脸听你的唠叨，只有热情奔放的人，才会让人喜欢，也才会创造生存和成功的环境。

冷漠的人不会有成功的人生，因为他的冷漠不仅营造不了成功的环境，反而禁锢了自己的心灵，也就禁锢了一双飞翔的翅膀。

美国最伟大的总统罗斯福，身残志坚，充满着对生命的热爱和对生活的热情，他用心对待每一件事，每一个人，深受美国人民的爱戴。就连他的仆人安德烈的妻子一个小小的愿望，他都放在心上，进而想办法来满足她。有一天，安德烈的妻子问罗斯福总统野鸭是什么样子，因为她一生没有离开过华盛顿，没有机会到野外看野鸭，罗斯福总统耐心地向她描述野鸭的模样和习性。第二天，安德烈屋子里的电话响了，电话那头传来罗斯福总统的声音，那声音告诉安德烈的妻子，他们楼下院子里的草地上有一只野鸭，安德烈的妻子不仅看到了野鸭，更看见了对面窗户里罗斯福总统微笑的脸庞。跟这样一位充满热情和关怀的人在一起，怎能不让人感动呢。

诗人普希金在《假如生活欺骗了你》中写道："假如生活欺骗了你，

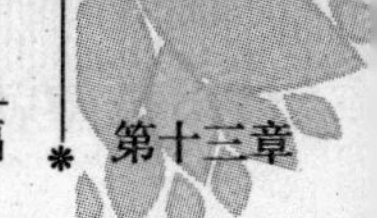

不要悲伤，不要心急！忧郁的日子里需要镇静；相信吧，快乐的日子将会来临。心儿永远向往着未来；现在却常是忧郁。一切都是瞬息，一切都将会过去；而那过去了的，就会成为亲切的怀念。”

积极的生活理念是战胜茫然的最有力武器。毫无疑问，你的茫然是消极的态度带来的。因为消极，所以失去人生目标，变得无所适从，由于茫然会令你的人生没有方向，最终一事无成。你想一直在这样的恶性循环中过活？

爱默生曾写过：没有热情就不会有任何伟大的成就。

雪莉·理查森是天鹅河谷莫里希庄园橄榄园的主人，她生活在这里，享受着这里的食品、风味和葡萄酒，无论做什么事情，她都表现出惊人的精力和热情。

雪莉来自南非，曾经在令人兴奋的充满动力的电视和广告业工作并且拥有一个电视公司。1993 年的一天，她坐在耶路撒冷的橄榄山上，她深深为 2000 株结满橄榄树所震撼。这让她的生活发生了完全的变化。1998 年，雪莉来到澳大利亚，经过学习和研究，在她天鹅河谷的 9 英亩土地上栽下了 800 株橄榄树。后来又栽了 200 株，她自豪地说：“这些树都是我自己栽的。”在她的橄榄园里，共有 7 个主要品种，其中包括“西班牙女王”、卡拉马塔、曼赞尼罗和雷新诺。

开始的时候，在橄榄园的前面有一个小小的门面向过路者出售橄榄，后来很快就成了澳大利亚第一个精品橄榄店和咖啡店。雪莉亲自加工和腌泡橄榄，所有的橄榄都没有化学品和防腐剂。

雪莉优雅地说：“我喜欢食品、葡萄酒和新鲜的味道。”这样的体会全部来自她的橄榄、她的栽满香草和蔬菜的菜园、她获得金牌的餐馆和她的两名来自地中海的获奖厨师的厨艺。

雪莉说，“研究只涉及了橄榄的表面，橄榄是效力强大的抗氧化剂，

对于胆固醇和皮肤病有效果。”

雪莉对天鹅河谷爱之甚深，她激动地说：“人们没有认识到我们在我们的门前所拥有的珍宝，我们的餐馆是珀斯一流的，这里的人们非常友好。”

在她“有闲”的时候，雪莉会在橄榄树中间徜徉，和它们聊天，整理菜园，喝一杯茂思伍德酒厂生产的卡本内苏维浓葡萄酒。

谈到她的新生活，雪莉说：“有挑战性，令人兴奋，还会有很多事情发生。

雪莉对待橄榄的热情，对待天鹅湖谷的热情，对待生活的热情，这让她的生活多姿多彩。她把这些生活当作一种享受，用热情去迎接。因此她永远都很兴奋而幸福并且精神饱满地做着所有事情。

大卫·斯塔·乔丹在演讲的时候说，“有人说做出好咖啡的唯一办法就是‘费点心思’。他当时捶打着桌子说：‘费点心思。’不管你想要干什么，就要带着精神和热情去做。”

“我对这件事情带有偏见，”基兰写道，“因为我满怀热情，所以我喜欢和不喜欢各种人、地方和情况的态度就十分鲜明。这样就有趣得多。一个充满热情的人可能会让别人厌烦——但他自己从来不会有片刻的无趣。”

基兰先生的观点让人回忆起历史学家阿诺德·汤因比曾说过的一句话。他说：“冷漠只能用热情来克服，而热情只能被两件事激发出来。第一，一个有强烈的理想；第二，一个绝对明智的计划，将这个理想付诸现实。”这里又指出了热情的基本要素，即热烈、智慧和某些深层的动机，它们能够赶走冷漠和玩世不恭。

杰克·伦敦写的书在多年以前就吸引了很多人，对这个问题他是这样总结的：“我宁愿做烈火余灰也不愿做粉尘飞扬。我宁愿生命的火

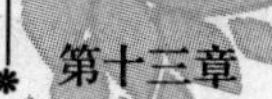

花在壮丽的火焰中燃烧殆尽，也不愿在腐朽之物中窒息而亡！我宁愿做一颗灿烂流星划过苍穹，在千万碎片里散尽光芒，也不愿做一颗行星睡意昏茫。人的价值在于生活。”

有这么多人并没有真正地生活；这么多人冷漠、不快乐；这么多人在生活中失败，应当成功却没有成功；这么多人缺乏强劲的动力。其原因，也是根本原因，就是：他们缺乏热情。

有些人确实活着，但却没有真正地生活，这是一个奇怪而又让人伤心的事实。如果一个人没有生活，那么似乎无尽头的日子来了又去了，终究碌碌无为。亨利·梭罗，这位伟大思想家说：“只有我们睁开眼睛醒过来的那一天，天才亮了。”

幸福在热情中

每个人的天性中都有一份热情，只是这种热情因环境、个人修养、性格等的不同而不同。只要我们懂得热情生活是幸福之源，我们就会学会热情生活。保持对生活的热情,就能感受生活乐趣。活着就是幸福，你可以悉心的发现生活的所有乐趣。睡得香甜是乐趣；与亲人团聚是乐趣；游走天涯山水尽收眼底是乐趣；我心广博容天容地，都是乐趣！

我们的生活中，许多人未曾想过或是不懂得幸福来自于热情的生活。其实，热情地面对生活并不需要你有多少金钱，有多少空闲时间，而在于你是否保持着对生活的热情。

人生中许多做得非常成功的事情，都是在热情的推动下完成的。可见，培养并保持自己对生活的热情是至关重要的。相信自己从事的职业是理想的，热爱自己的生活、工作，你就会变得热情四射。

热情是一种难得的可贵品质。凭借热情，我们可以释放出潜在的巨大能量，发展出一种坚强的个性；凭借热情，我们可以感染周围的朋友，让他们理解、支持你，拥有良好的人际关系；凭借热情，我们可以不断完善自己，赢得宝贵的发展机会。

热情地面对生活是一种态度、是享受一种美好的心情；热情地面对生活是一种快乐，只有快乐的生活才会体会到人生的哲理和幸福；热情地面对生活也是一种珍惜，因为珍惜生活才会热情地对待生活，才会珍惜生活赋予我们的一切。

有位哲人说过："永远用热情的、宝石般的火焰燃烧，并保持这种高昂的境界，这便是人生的成功。"如果我们把自己的全部热情都注入生活中去，那么生活就如我们曾经有过激情时那般富于灵性，富于色彩。而我们所抱怨，所不甘的，其实都源于我们的那一份惰性——希望生活施予我们精彩和满足。人的生活内容此起彼伏，曲折坎坷。快乐与痛苦参半，有时候痛苦会更多。与其感叹或抱怨，不如拿出你的热情面对生活，为生存和生活的热情奋斗，这个奋斗的过程，恰恰就是培养生活热情的过程。

保持对生活的热情，就会树立生活信心。面对贫困、疾病、失业、失恋、失宠、丢官、破产、一无所有，都能够不失对生活的热情，就能东山再起。只要生命在，就会有奇迹出现。对新生活的美好憧憬和态度，热情地面对未来，珍惜来之不易的人生和生活，才会快乐或是幸福。

古往今来不少人试图对幸福理解中的一些共性加以归纳，以帮助人们找到一条通往幸福的路径。有人说："有一个称心如意的工作，有一个和工作无关的爱好，有一个能推心置腹的朋友；做到不馋、不懒、不烦，你就是一个幸福的人"。细细品味，这种说法确有一定道理。一份称心如意的工作，获得一种可靠的谋生手段；一个与工作无关的爱好，使人精神上得以充实、能够自得其乐；一位能推心置腹的朋友，有助于获得一种可靠的社会支持。"不馋"是对生活保持一份合理的期待；不懒，通过努力得到社会的认可与回报；不烦，能够适应各种环境拥有健康的心理。拥有了这些怎能不幸福?

有时候，幸福就是一种被追求的生活；有时候，幸福就是一种被注重和需要热情燃烧的过程。其实，冷静和冷落的区别甚微；试着转动一下自己的角度，你会看到你从未曾看到过的色彩。只有时时刻刻充满热情，生活才会少几分无奈，多几分精彩。

幸福的生活是自己创造的，一个人对生活的态度决定了他的生活是否幸福。

如果你以饱满的热情投入生活，那么生活就会赋予你阳光雨露，你会在愉悦的环境下收获累累硕果；如果你以消极的态度对待生活，那么你将一直在阴霾的天空下挣扎，潮湿的心永远得不到晾晒，甚至会晦变畸形。

美国文学家 R. W. 爱默生曾写道：“人要是没有热情是干不成大事业的。”大诗人 S. 乌尔曼也说过：“年年岁岁只在你的额上留下皱纹，但你在生活中如果缺少热情，你的心灵就将布满皱纹了。”

人们有了热情，就能把额外的工作视作机遇，就能把陌生人变成朋友；就能真诚地宽容别人；就能爱上自己的工作，不论他是什么头衔，或有多少权力和报酬。人们有了热情，就能充分利用余暇来完成自己的兴趣爱好，如一位领导可成为出色的画家，一个普通职工也可成为一名优秀的手工艺者。

人们有了热情，就会变得心胸宽广，抛弃怨恨，就会变得轻松愉快，甚至忘记病痛，当然还将消除心灵上的一切皱纹。

在曾经大热的一部电视剧《士兵突击》中有这样一句名言——“不抛弃，不放弃”。这句话之所以能感动无数的人，是因为那股热情、那种投入。坚信自己做的事情，对自己所说所做充满热情与投入。他融入信念，他的热情使他光芒四射。

在充满竞争今天，既保持着那份对生活执著热爱与追求，又保持着厚重平静的心态，耐得住孤独寂寞的人，都会是幸福的人。多点宽容，多点理解，放弃虚荣，放弃那些浮世的繁华，让我们真挚热情的生活吧，成功和幸福将会伴随我们过一生！

让别人看到你的热情

生活是多元多彩的，我们应该善于寻找并抓住周围的机遇，给自己一个锻炼和表现的机会。我们应该充满热情地投入生活，一次失败了，并不代表永远的失败，这或许正是你成功的前奏呢！感谢生活带给你的磨难，你就拥有了豁达的心态，生活一定会回馈你丰盛的收获。

对生活要时时感恩，感恩的最直接表现是热情地投入生活、善待生命。

世上每一个生命都是上天的幸运儿，从诞生之日起，他们就本能地有所追求。正是这些从小到大由低到高的追求，才使得每个生命在某种意义上成为一种存在,实现着自己的价值。马尔代夫群岛上的蝴蝶，为了短暂的辉煌，却往往付出漫长的努力，它们这种对生命的渴求不能不使我们人类感到钦佩。动物之如此，人何以堪？所以不放弃对生活的追求便是对生命的延续。

我们的生命只有一次，身外没有任何东西能阻止我们前进，我们除了追求与奋斗别无他途。

生活中有很多的不如意往往打击我们的自信，但我们决不可闷坐愁城而沉沦。自暴自弃不思进取便是我们个性中的最大的不足，无论何时何地都应有一个全新的生活理念去不断地追求，只有时刻重塑自我，才能将自己的人生得到升华。否则就是放弃了本该拥有的勤奋和努力，让消极缠住了本该富有的朝气和青春。

弗兰克·贝特格在《从失败到成功的销售经验》中写道：

“热情是世界上最有价值的一种感情，也是最具感染力的，自己充满了热情，你谈话的对象才容易变得充满热情，即使你表达的不太顺利，他也可以理解。如果没有热情，你推销时所说的话简直就像过了一年的晚餐上的死火鸡，毫无生气和新鲜感。”

“激情不仅仅是外在的表现，当你获得了激情，它会占据你的内心。你在家中静坐，产生一个新的想法……完善、成熟……最后你被热情点燃，没有什么可以阻止你。”

现代职场风云变化，跳槽、兼职等成为了职场收听率最高的几个词，另外一个虽然大家并不常说，但它正是体现职场残酷性的一面，那就是被炒鱿鱼。任何一个在职场的人都不想让老板炒了自己的鱿鱼。但是现实中，总有5%～10%的人会遭到解职，伤心地离开公司。

那么，是什么让你失去了这个工作机会？是什么让你的公司对你做出这种无情的决定？是绩效考核不达标？工作态度不端正？影响团队的建设？与公司文化不符？还是经常违反公司的规定？在你接到公司要和你解除劳动合同通知的时候，有没有考虑自己是否尽力了？所以，无论是从公司还是员工来看，懒惰、拖延等消极的工作态度都是不可取的，它们不仅会使工作平庸，有损于公司的利益，而且还会使员工遭到解雇。

如果不能使自己的全部身心都投入工作中去，那么你无论做什么工作，都可能沦为平庸之辈。做事马马虎虎，只有在平平淡淡中了却此生。

如果是这样，你的人生结局将和千百万的平庸之辈一样。

一个人缺乏热忱，一定是一个无精打采的人，即使所有的机会都来到身边，也会稀里糊涂地把它们丧失殆尽。

法国寓言家拉·封丹曾经说:“无论做任何事情，都应遵循的原则是:追求高层次。你是第一流的,你应该有第一流的选择,在工作中加入‘热情’。”

有个老木匠准备退休，他告诉老板，说要离开建筑行业，回家与妻子儿女享受天伦之乐。

老板舍不得他的好工人走，问他是否能帮忙再建一所房子，老木匠说可以。但是大家后来都看得出，他的心已不在工作上，他用的是软料，出的是粗活。房子建好以后，老板把大门的钥匙交给他。

“这是你的房子，”他说，“我送给你的礼物。”

他震惊得目瞪口呆，羞愧得无地自容。如果早知道是在给自己建房子，他怎么会这样呢？现在他得住在一座粗制滥造的房子里！

我们生活中一些人又何尝不是这样。漫不经心地“建造”自己的生活，不是积极行动，而是消极应付，凡事不肯精益求精，在关键时刻不能尽最大努力。等我们惊觉自己的处境,早已深困在自己建造的“房子”里了。

自己的生活是个人一生唯一的创造，不能抹平重建，即使只有一天可活，那一天也要活得优美、高贵。把自己当成那个木匠，想想自己的房子，用自己的智慧好好建造。因为墙上的铭牌上始终写着："生活是自己创造的。”对自己的工作热情的人，不论工作有多少困难，或需要多少的努力，始终会用不急不躁的态度去进行，而且一定能够出色地完成任务。爱默生说过："有史以来，没有任何一件伟大的事业不是因为热情而成功的。”

同样一份工作，同样由你来干，有热情和没有热情，结果是截然不同的。前者使你变得有活力，工作干得有声有色，创造出许多辉煌的业绩，使老板对你刮目相看。而后者，使你变得懒散，对工作冷漠处之，当然就不会有什么发明创造，潜在能力也无所发挥。

应付工作，为了谋生或薪水而工作，他们不可能在工作中投入自己全部的热情和智慧。他们只是在机械地完成任务，而不是去创造性地、充满热情地工作。

工作不是一个关于干什么事和得什么报酬的问题，而是一个关于生命的问题。工作就是充满热情，工作就是付出努力。正是为了成就什么或获得什么，我们才专注于什么，并在那个方面付出精力。从这个本质的方面说，工作不是我们为了谋生才去做的事，而是我们用生命做的事，要做好工作，就一定要培养热情工作的习惯。

明白了这个道理，并以这样的眼光来重新审视我们的工作，工作就不再成为一种负担，即使是最平凡的工作也会变得意义非凡。

每个老板都希望自己的员工能充满热情地工作。对于发个指令，揿动按钮，才会动一动的“电脑”员工，没有人会欣赏，更没有老板愿意接受，这类只知机械工作的“应声虫”，老板会毫不犹豫地将其放在升职的考虑之外。

热情的对待生活及生活中的每一件事情，幸福将会从心而发，因为你的生活充实而快乐。

点燃火焰、点燃幸福

人生，是一个光辉灿烂的旅程，是一个创造享受的历程，也是一个欣赏品味的过程。我们每一个人都要为之而欢呼，而骄傲。走一次人生旅途，确实值得珍惜。

用双手去拥抱人生，人生才会宣泄激情。用热情去对待人生，人生才会绽放火花。不要在跌倒时，就退却了向前，用你的热情去面对一切，因为每一种创伤，都是一种成熟，这都是人生这本历史的目录。

“历史的标点全是问号，历史的幕后全是惊叹号。”这句话总结了历史始末，也总结出如此的人生。

历史上任何伟大胜利的成就，都可以称为热情的胜利。没有热情，不可能成就什么伟业。因为无论多么恐惧，多么艰难的挑战，热情都赋予它新的含义,没有热情的人注定要在平庸中度过一生。而有了热情，会让人创造人生的奇迹。

我们每一个人都拥有人生，但并非每一个人都懂得人生，乃至于珍惜人生。人生在乐观主义者眼里是美丽的,在悲观主义者眼里是残缺的,在现实主义者眼里是美丽但又残缺的。我们一定要珍爱生命，因为生命只有一次，不要等到快要离开这个世界时才感到人生短暂。

在感恩节时你是否收到过这样的短信：我用十分热情，九分开心，八分浪漫，七分甜蜜，六分称心，五分如意，四分幸福，三分快乐，二分真挚，一分祝福煮了一只火鸡送给你，祝你感恩节快乐！

你们看，在这条信息里热情多么的重要啊！它有十分！可见只要有了热情，其他的都会慢慢拥有，热情就是一把火焰，可以点燃你的幸福、快乐、甜蜜等等。

欧亨利在他的小说《最后一片树叶》里讲了一个故事。

有个病人躺在病床上，绝望地看着窗外一棵被秋风扫过的萧瑟的树。他突然发现，在那树上，居然还有一片葱绿的树叶没有落。病人想，等这片树叶落了，我的生命也就结束了。于是，他终日望着那片树叶，等待它掉落，也悄然地等待自己生命的终结。但是，那树叶竟然一直未落，直到病人身体完全恢复了健康，那树叶依然碧如翡翠。

其实，那树上并没有树叶，树叶是一位画家画上去的，它不是真树叶，但它达到了真树叶生动真实的效果，给了那位病人一个坚强的信念：活着，只要那片树叶不落，我的生命就不会死。结果，他真的康复了，走出病房去那棵树下看个究竟。

他站在树下，被画家的用心感动了。

因为画家是唯一了解他内心秘密的人，画家知道他在等待树叶全部掉落之后，再悄然地终结自己的生命。于是，画家顺着病人的心思设计了这么一片假树叶。就是这片假树叶，给他不断地注入活下去的勇气。

真正有生命力的不是那片树叶，而是人的信念和对生命的热情。

一天，有个妈妈在厨房洗碗，她听到儿子在后院蹦蹦跳跳玩耍的声音，便对他喊道："你在干吗？"儿子回答："我要跳到月球上！"妈妈没有笑他，没有否定他，也没有泼冷水，更没有骂他"小孩子不要胡说"或"赶快进来洗干净"之类的话。

这个妈妈只是说："好啊，只是不要忘记回来喔！"多年以后……这个小孩成了第一位登陆月球的人，他就是阿姆斯特朗。

妈妈的话给小阿姆斯特丹点燃了他对于梦想的热情，也为他点燃了成为第一位登上月球享受这一幸福的人。

这世上，没有人可以拯救你，能够拯救我们的只能是我们自己。当我们有了热情，有了对生活的热爱，有了一份穿越浮华的心境，人生也将从此变得与众不同！

希尔顿酒店的老板希尔顿先生每到一处他的酒店，所做的演讲主题总是同一个，那就是：今天，你微笑了吗？他对每个员工说："不管你在家里遇到了什么，昨天遇到了什么，只要你一踏进希尔顿酒店的大门，请记住，你的微笑就永远属于顾客。"

没有人愿意跟一个整天都提不起精神的人打交道，没有哪一个领导愿意提升一个毫无热情的下属。一事无成的人，往往表现的是前三分钟的热情，而真正的成功者，往往属于最后三分钟还充满热情的人！

成功是因为你对你所做的事情充满持续的热情。

无论是工作还是生活，无论做什么事情，人都要有热情，都要全身心地投入进去，才能做出令自己满意的成绩来，才能对未来充满信心。若是没有热情，你很难去感染别人，更没有办法让自己完全地投入，那么结果也就很难完美。热情，就是对某一事物所产生的、发自内心的兴趣，是一种快乐的情绪；投入，是完成一个事情的付出和努力，是一种责任。有了热情才能投入，就有了获得成功的基础。在现实生活中更是如此，学习、工作，甚至是游戏和运动等，都需热情和投入，你才能取得成绩，才能获得真正的快乐。

每个人都有自己喜欢的、比较热心的事情，这就是一种热情，一种对人的热情、对事情的热情、对学习的热情，还有对生命的热情。人的热情如果被浇熄了，真是很可惜的事。

在生活中，给自己出一个难题吧，这会使你充满热情。一个作家在一本书中这样写道：生活从自身的逻辑出发，要求人产生增强生活的勇气，战胜你的挫折与困难的勇气，勇气减轻了命运的打击。的确，在生活中，哪怕完成一个简单的新动作，或一项简单的事，你都会感到，我们需要热情，生活永远感激热情。

热情是心中的一支火炬，当它熄灭了，我们便不再相信真、善、美和奇迹，我们便陷入万劫不复的黑暗境地。艺术落入俗套，文学咬文嚼字，而我们的面孔，也因麻木而失去光彩。重新燃起我们的热情吧，拿出重新入世的精神，向着麻木和虚伪，向自己的惰性作斗争。重新塑造一个全新的自我，这绝对是目前我们要做的。

其实，只要你保持生活的热情，做一些力所能及的事情，精神就不会空泛，从而感到生活仍很有意义。

不要向别人的热情泼冷水，也不要跟爱泼冷水的人在一起，因为，热情是很珍贵的，拥有热忱，可以让你做出很多原本可能做不到的事，创造出生命的奇迹，带来幸福的希望。

热情是对幸福的追求

热情是人生的一笔资源、一笔财富。任何一个人，只要找到了对生命的热情，他就成功了一半。拥有了对生命的热情，工作就不会再平凡无聊，生活也不会再枯燥乏味。也许，正如卡耐基所说："成功的主要方法之一，就是每天保持对生活的乐趣，对生命充满热情。"因此热情的生活，就是你对幸福生活的追求。

《鲁滨孙漂流记》中是什么支持着他能在孤岛上独自一人生活了 27 年呢？是他的意志，还是对生的执著。但从他的身上我们能感受到一份火一样的热情，也许有热情就有生命和希望的存在。

《富有的是精神》中有这么一句话："走在我们前面的，有我们一代又一代的老师，他们一介布衣，终生清贫，却是我们永远敬重的精神的强者。"是的，我们不仅要做知识的富者，我们更要做像鲁滨孙那样的热情富者。

有人形容：热情是人生的太阳，是人的生命之火的燃烧。是的，热情会衍生出许多好的素质：它会使人产生欲望，产生信心，产生行动的冲力。热情更是创造杰出人才的源泉。那些功勋卓著的政治家、军事家、思想家抑或是科学家、文学家、艺术家、企业家，哪一个不充满着火一样的热情？如果鲁滨孙没有对航海的热情，就不会造就他传奇般的一生了。

世界芸芸众生，不一定每一个人都能成为名门望族的一员。但是

热情却是平凡人身边的一座金矿，只要你去挖掘，它就会为你献上无尽的宝藏。热情会使穷人变成富翁，使愚者变成智者，使流浪汉变成语言大师，使衰弱的躯体变成健康的生命。拥有热情，你会看到一个身影——一个跨越旷野，朝着地平线的太阳直奔而去的身影。

人会使一顿普通的晚餐，变成一次快乐的盛宴;而一个不热情的人，却使一次难得的聚会，变成像一堆干草一般索然无味。所以说，如果鲁宾孙的父亲能给予他热情，要比给予他财富要好得多。

热情，贯穿着人的一生，在每个方面滋长。给别人以愉快，是对世界负责的一种表现，也是对生命的一种礼赞。

何为热情？无固定版本与模式，表现形态应该是多元化的。为事业献身是热情，为爱好钻研是热情，助人为乐是热情，保护自身权益是热情，对邪恶现象拍案而起是热情，参与社会公益活动是热情，闭门读书也是热情。

曾经哈佛最受欢迎的选修课是“幸福课”，听课人数超过了王牌课《经济学导论》。教这门课的是一位名不见经传的年轻讲师沙哈尔。

在一周两次的“幸福课”上，这位讲师没有大讲特讲怎么成功，而是深入浅出地教他的学生，如何更快乐、更充实、更幸福。

这位讲师坚定地认为：幸福感是衡量人生的唯一标准，是所有目标的最终目标。人们衡量商业成就时，标准是钱。用钱去评估资产和债务、

利润和亏损，所有与钱无关的都不会被考虑进去，金钱是最高的财富。

一项有关“幸福”的研究表明，人的幸福感主要取决3个因素：“遗传基因、与幸福有关的环境因素以及能够帮助我们获得幸福的行动。而积极心理学，可以帮助人们活得更快乐、更充实。幸福，是可以通过学习和练习获得的。”

为了更好地记住"幸福课"的要点，这位讲师还为学生简化出10条小贴士：

1. 遵从你内心的热情。

2. 多和朋友们在一起。不要被日常工作缠身，亲密的人际关系，是你幸福感的信号，最有可能为你带来幸福。

3. 学会失败。成功没有捷径，历史上有成就的人，总是敢于行动，也会经常失败。不要让对失败的恐惧，绊住你尝试新事物的脚步。

4. 接受自己全然为人。失望、烦乱、悲伤是人性的一部分。接纳这些，并把它们当成自然之事，允许自己偶尔的失落和伤感。然后问问自己，能做些什么来让自己感觉好过一点。

5. 简化生活。更多并不总代表更好，好事多了，也不一定有利。你选了太多的课吗？参加了太多的活动吗？应求精而不在多。

6. 有规律地锻炼。体育运动是你生活中最重要的事情之一。每周只要3次，每次只要30分钟，就能大大改善你的身心健康。

7. 睡眠。虽然有时“熬通宵”是不可避免的，但每天7到9小时的睡眠是一笔非常棒的投资。这样，在醒着的时候，你会更有效率、更有创造力，也会更开心。

8. 慷慨。现在，你的钱包里可能没有太多钱，你也没有太多时间。但这并不意味着你无法助人。“给予”和“接受”是一件事的两个面。

当我们帮助别人时，我们也在帮助自己；当我们帮助自己时，也是在间接地帮助他人。

9. 勇敢。勇气并不是不恐惧，而是心怀恐惧，仍依然向前。

10. 表达感激。生活中，不要把你的家人、朋友、健康、教育等这一切当成理所当然的。它们都是你回味无穷的礼物。记录他人的点滴恩惠，始终保持感恩之心。每天或至少每周一次，请你把它们记下来。

这位讲师在第一条中就提到了热情，可见热情对于幸福的重要程度。

卢梭在他的《爱弥尔》中说："如果你不知道幸福在什么地方就去追求幸福，那就会越追越远，有多少道路便会遇多少危险。但是，当一个人怀着满腔热情，急于得到幸福的时候，他是宁可在寻求的过程中走错道路，也不愿意为了寻求幸福而呆在那里一点事情都不做。"

第十四章 种下善良 创造最美的幸福

在这个世界上，最让人赏心悦目的是纤尘未染的青山绿水，最温暖人心的是人与人之间关爱互助的真情。俗话说："大音希声，大象无形"，而大爱与良知也总是无痕的，因为它蕴涵了智慧的灵光，心底的挚善，不彰显也不哗然，却高尚持久。如润泽无声的涓涓细流，如吹面不寒的杨柳和风，给人以最贴切的关怀；它让身处寒冷的人能感到温暖；他让身处困境中的人感到关爱；它让危难的人感到希望……给人以生活希望的是美好的理想，但给人以信心支撑的则是世间最真最诚的善良之心。

拥有善良，下一站就幸福

伟大的音乐家贝多芬曾经说过：“没有一个善良的灵魂，就没有美德可言。”没错，善是我们不可或缺的美德，感动就是我们应该具有的天然品质。或许，感动而泪如雨下，显示了我们人类脆弱的一面，却也是我们敏感、善感而不可缺少的品质。我们还能不能够被哪怕一丝微小的事物而感动得流泪，是检验我们心灵品质的一张 PH 试纸。

“风送花香红满地，雨滋春树碧连天。”是的，世界很美，不仅是因为有春的烟波画船，有夏的朝云暮卷，有秋的云霞绚烂，有冬的冰肌玉骨，更是因为有善良的滋润，有关爱的呵护，有理解的支撑，有祝福的陪伴。

善良，不是容颜的闭月羞花，不是举止的温文尔雅，不是财富的腰缠万贯；更不是权势的叱咤风云。善良，是黑暗凄冷中的如豆星火，是干涸枯竭时的点滴甘露，是迷惘徘徊时的一句点化，是沉迷无助时的一把搀扶。真正的善良是来自心灵深处的真诚的同情与怜惜，无私的关爱与祝福。

真正的善良，无须剪红刻翠，无须粉黛雕饰，它本身就是人们内心最原始的一种纯朴的纯洁的感情精华。人之初，性本善。可是在经历了太多的锤炼之后，我们在学会坚强的同时也逐渐变得冷漠起来。我们匆匆地在人潮汹涌中寻找适合自己的角色，漠然地与一切和自己不相关的人与事擦肩而过，我们似乎早已习惯了“各自打扫门前雪，休管他人瓦上霜”的处世哲学，而不愿再牵挂别人的任何困苦。于是，眼看着那颗曾经晶莹的善良之心在红尘碧红之中慢慢被尘土侵蚀包裹，而后结成厚厚的茧，于是，又不得不负载着这颗结茧的沉重的心孤独地在冷漠中艰难跋涉……

有一天，俄罗斯著名的油画家列维坦独自一人到森林里去写生。当他沿着森林走到一座山崖的边上，正是清晨时分。他忽然看到山崖的那一边被初升的太阳照耀出他从来没有见过的一种美丽景色的时候，他站在山崖上感动得泪如雨下。

同样，德国的著名诗人歌德，有一次听到了贝多芬的交响乐，被音乐所感动，以至泪如雨下。另一位俄罗斯的文学家托尔斯泰，听到柴可夫斯基的第一弦乐四重奏第二乐章《如歌的行板》的时候，一样被音乐感动而热泪盈眶。

无论是列维坦为美丽的景色而感动，还是歌德和托尔斯泰为动人的音乐而感动，他们都能够真诚地流下自己的眼泪。如今，我们还能够像他们一样会感动，会流泪吗？

提出这样的问题，是因为我们现在面对世界的一切值得感动的事情，已经变得麻木，变得容易和感动擦肩而过，或根本掉头而去，或司空见惯得熟视无睹而铁石心肠。我们不是不会流泪，而是那眼泪更多是为一己的失去或伤心而流，不是为他人而流。

回答这样的问题，首先要问列维坦、歌德和托尔斯泰，为什么会被仅仅是一种客观的景色、一种偶然的音乐而感动？那是因为他们的心中存有善良而敏感的一隅。感动的本质和核心是善，失去或缺少了内心深处哪怕尚存的一点点善，感动就无从谈起，感动就会如同风中的蒲公英离我们远去。

弗莱明是一个穷苦的苏格兰农夫。有一天，当他在田里工作时，听到附近泥沼里有人发出求助的哭声，于是他放下农具，跑到泥沼边，发现一个小孩掉到粪池里，于是弗莱明把这个小孩从死亡边缘救出来。

隔天，有一辆崭新的马车停在农夫家，走出来一位优雅的绅士。他自我介绍是那被救小孩的父亲。绅士说："我要报答你，你救了我小孩的生命。"农夫说："我不能因救你的小孩而接受报酬。"

就在那时，农夫的儿子从茅屋的里走出来。绅士问："那是你的儿子吗？"农夫很骄傲地回答说："是。"绅士说："我们来个协议，让我带走你的儿子，

并让他接受良好的教育。假如这个小孩像他父亲一样，他将来一定会成为一位令你骄傲的人。"

农夫答应了。后来农夫的小孩从圣玛利亚医学院毕业，并成为举世闻名的弗莱明。亚历山大爵士，也就是盘尼西林的发明者。他在1944年受封骑士爵位，且得到诺贝尔奖。

数年后，绅士的儿子染上了肺炎，谁救活他呢？盘尼西林。那绅士是谁呢？上议院议员丘吉尔。他的儿子是谁呢？是英国政治家丘吉尔爵士。

善良，生命对生命的同情，多么普通的品质，今天仿佛成了稀有之物。善良是区分好人与坏人的最初界限，也是最后界限。

真正的美，是从心灵深处来的，它是善的代名词。这样的美，才会热烈、持久，不管你是18岁，还是80岁，都一样充满迷人的魅力，也是人生值得回忆的幸福。

善良的人，即使没有巍峨高山的冷峻与清峭，也可以有平川凡壑的踏实与稳健；即使没有牡丹玫瑰的雍容绚丽，也可以有芙蓉夕醉的高洁与典雅。善良的人，即使不能居庙堂之高来兼济天下，也可以处江湖之远独善其身。拥有善良，就拥有了生命的方向，即使在物欲横

流灯红酒绿中穿梭，也会永远来去从容，两袖清风。

善良，不需要太多的诠释，它是寒风中的一只火把，失意处的一句安慰，痛苦中的一丝爱抚，无助时的一点支援。把善良给别人，也给自己，那么人类将与日月同辉；留一份善良给世界，那么世界将与星宇同寿。

珍爱善良，拥有善良，洒播善良，那么，你将会开一树灿烂的红花，既使自己美丽，也使别人温暖。

善良，是人生大厦的基础，是人性品质中的瑰丽珍品。拥有善良的人才会懂得去感激，去回报，才会有“会当凌绝顶，一览众山小”的豪情，才会有“ 先天下之忧而忧，后天下之乐而乐”的高尚，才会有“谁言寸草心，报得三春晖”的执著，才会有“知君有意凌寒色，羞共千花一样春”的坚韧和那份“宠辱不惊，闲看亭前花开花落，去留无意，漫随天外云卷云舒”的气度与胸怀。

幸福就好比一条公交线路，每一站都是构成幸福的一个必须点。然而，善良就是其中之一。它是通往幸福的最后一站，也是最重要的一站，只要你拥有了善良，那么下一站就会幸福。

接受别人的善，让爱的温暖传递

有一种美德叫善意。很多时候，在我们给予别人爱和关怀时，也要接受别人给予的善意。给予是一种付出与美好的品性，接受也是一种善意与感恩！

在生活中，即使你不需要，但对于对方施以的善意不能不领情，而且更要施以尊重和感谢。

生活中，为了自保、为了不惹麻烦等等，我们又何尝没有猜忌或误会别人的好意？每个人都和陌生人保持距离，遇到向自己求助的人，也往往想当然地认为是骗子或行乞者，不知有多少温暖或真情之火曾经被自己扑灭。在现今努力打造诚信社会的时候，我们又怎能体会或者享受诚信？殊不知，诚信也在丝丝猜忌和推辞中从我们的指缝间不经意地溜走。

有这样一个故事：

一天，一位先生去医院看望一个生病的朋友。因为是双休日，等公交车的人很多，每一辆公交车里都挤得满满的。这位先生买了一份报纸，一边看报一边等车。先生旁边站着一个老人和一个姑娘，听他们说话的意思，是女儿陪父亲去医院看病，正好跟他同路。很快，车来了。人群涌向车门。他看到那个女儿为了不让人群碰撞到父亲，一手在前面挡着人群，一手搀着父亲的胳膊。虽然她很努力，但是效果似乎并不明显。

好不容易上了车，车上早就“人满为患”。一个姑娘突然站了起来，微笑着对那位老人说：“大爷，您坐吧！”老人说：“谢谢了，姑娘，我站站没关系，你坐吧！”更奇怪的是他的女儿竟然也谢绝了姑娘的一番好意，说他父亲身体硬朗着，而且只是几站路，站站就到了！

姑娘似乎没想到会这样，脸上有些尴尬，再次说：“您坐吧，大爷！”那个女儿似乎还想说什么，只见老人拉了拉她的手，说：“好好，那就太谢谢你了！”说完，慢慢走到座位前微笑着坐下。让座的姑娘流露出快乐的笑意。但是，那个女儿似乎并不高兴。这下，这位先生感到很疑惑。公交车突然刹车，老人紧蹙着眉头，好像在强忍着身体某处的不适。这位先生不禁替他暗自庆幸，亏他没有再客套，如果一直站着，也不知要遭多少罪。医院很快就到了。老人下车前，向那位让座的姑娘再次表示了谢意。

下车后，这位先生听到了这对父女的对话：

“爸，伤口痛了吧？”

“一点点吧！”

“你也真是的，明明知道自己臀部有伤口，不能坐，你还要坐！”

“你啊，人家小姑娘那可是一片好意！我硬是拒绝她，也许以后再遇到这样的事，她就会有顾虑了……”

这位先生终于明白了，老人和他女儿的拒绝，原来并非客套，而是另有隐情。他不禁又想起车上老人几次紧皱眉头的表情。在那颠簸的车上，老人硬是强忍着原本可以避免的痛楚，这位老人非常善解人意，并能以善心尊重那个姑娘的善良。试想，若他并没有接受姑娘的好意，而是一味坚持不坐。虽然自己有难言之隐，可是是不是间接地让女孩失去了做善意之举的动力和勇气？

生活的哲学，有时很简单有时又很复杂。如果人人都带着冷漠的面具生活，世界岂不是很冷？从今天起，我们都要勇于拿出自己的善意，帮助别人；也要欣然接受别人的善意，让爱的温暖传递。

尊重别人的善良，又何尝不是另一种善良！

善良之心让世界充满爱

善良是人生的雨露甘霖，善良是洞穿黑暗的阳光，是心与心的亲和与信赖，是爱与爱的共振与交融。善良让世界充满仁爱，让岁月溢满温馨。

小说、电影中，经常可以看到善良的人做善事，不足为奇。但是，当善良的举动真实地发生在我们面前时，立马就会击中我们内心最柔软的部位，让人感动不已。

人们常说，做一件小事是平凡，可是一直坚持不懈地做一件同样的小事，那就是伟大。

张师傅是一位出租车司机，每天晚上 5 点是交班时间，每到交班前他都习惯地把车开到一所中学的校门前转转。一天，他刚把车开到校门前就过来一个跛足女孩，看看左右，急急地说："师傅，我，打您的车。"

张师傅说得交车了，他只是停下来歇一会儿。女孩低下头，过了几秒钟，她又恳切地说："谢谢您了，师傅，我只坐一站地，就一站地。"

那一声"谢谢"让张师傅动了心。他看看女孩身上洗得发白的校服，一个旧得不能再旧的书包，忍不住叹了口气，说："上车吧。"女孩高兴地上了车。走到转弯处，她突然嗫嚅着说："师傅，我只有三块钱。所以，半站地也可以。"张师傅从后视镜里看到女孩通红的脸，没说话。

开到最近的公交站台，张师傅把车停了下来。女孩在关上车门时高兴地说："真是谢谢您了，师傅！"张师傅看着她一瘸一拐地往前走，突然有些心酸。

也就是从那个周末起，张师傅每个周末都看到女孩等在学校门口。几辆出租车过去，女孩看都不看，只是跷着脚等。女孩在等自己？张师傅猜测着，心里突然暖暖地。他把车开了过去，女孩远远地朝他招手。张师傅诧异，他的红色桑塔纳与别人的并无不同，女孩怎么一眼就能认出来？

还是三块钱，还是一站地。

一次、两次、三次，渐渐地，张师傅养成了习惯。周末交车前拉的最后一个人，一定是四十中的跛脚女孩。他竖起"暂停载客"的牌子，专心等在校门口。女孩不过十四五岁吧，见到他，像只小鹿般跳过来，大声地和同学道"再见"。不过五分钟的路，女孩下车，最后一句总是："谢谢您，师傅。"

似乎专为等这句话，周末无论跑出多远，张师傅也要开车过来。有时候哪怕误了交车被罚钱，他也一定要拉女孩一程。

时间过得很快，这情形持续了一年，转眼到了第二年的夏天。看着女孩拎着沉重的书包上车，张师傅突然感到失落。他知道，女孩要初中毕业了。她会去哪儿读高中？

"师傅，谢谢您了。这可能是我最后一次坐您的车，给您添麻烦了。我考上了第一中学，可能半年才会回一次家。"女孩说。张师傅从后视镜中看了一眼女孩，心里很不是滋味儿。女孩果然很优秀，第一中学是省重点，考进去了就等于是半只脚跨进了大学校门。

"那我就送你回家吧。"张师傅说。

女孩摇摇头，说自己只有三块钱。

"这次不收钱。"张师傅说着看看表，送女孩回家一定会错过交车时间，可罚点儿钱又有什么关系？他想多和女孩待一会儿，再多待一会儿。女孩说出了地址，很远，还有七站地。

半小时后，张师傅停下了车。女孩拎着书包下来，张师傅从车里捧出一只盒子，说："这是送你的礼物。"

女孩诧异，接过礼物，然后朝着张师傅鞠了一躬，说："谢谢您，师傅。"

看着女孩一瘸一拐地走进楼里，张师傅长长叹了口气。女孩，从此就再也见不到了。他甚至不知道她的名字。

一晃过了十年。

张师傅还在开出租车。这天，活儿不多，他正擦着车，却听到交通音乐台播出一则"寻人启事"，寻找十年前出租车公司车牌照为 Azxxxx 的司机。张师傅一听，愣住了，有人在找他？十年前，他开的就是那辆车。

也是好奇，张师傅给电台打了一个询问电话，主持人给了他一个电话号码，张师傅疑惑了，会是谁呢？自己没有不常见面的朋友啊！

拨通电话，张师傅听到一个年轻女人的声音。她惊喜地问：是您吗？师傅！

张师傅愣了一下，但想不起是谁。

"谢谢您了，师傅！"女孩又说。

再一听，张师傅一拍脑门，终于记了起来，是他载过的那个跛脚女孩。张师傅的眼睛突然模糊了，十年了，那个女孩还记着他！

两人约在一家咖啡馆见面，再见到女孩时，张师傅几乎认不出了，站在眼前的女人分明是一位很有身份的职业人。

喝着咖啡，女孩讲起了往事。十二年前，她父亲也是一名出租车司机。父亲很疼她，每逢周末，无论多忙他都会开车接她回家。春节到了，一家人回老家过年，为了多载些东西，父亲借了朋友的面包车。

走到半路，天突然下起了大雪，不慎与一辆大货车相撞。面包车被撞毁，父亲当场身亡。就是那次，女孩的脚受了重伤。

送走了父亲，母亲为了赔朋友的车款，为了她的手术费，没日没夜地工作。而她，伤愈后则拼命读书，一心想快些长大。她很坚强，什么都能忍受，却唯独不能忍受别人的怜悯。

所以，她没告诉任何人家里发生的事故。放学回家，当被同学问起现在为什么坐公共汽车？她谎称父亲出远门了。谎言维持了半年多，直到有一天遇到张师傅。她见那辆出租车停在路边，一动不动，就像父亲开车过来，等在学校门口。

她只有三块钱坐公共汽车，可她全拿出来坐出租车，只坐一站地，然后花一个半小时徒步走回家去。虽然路很远，但她走得坦然，因为没有人再猜测她失去了父亲。

“您一定不知道，您的出租车车牌号，一直印在我的脑海里。”女孩说着，眼里淌出泪花，“所以，远远地，只一眼，我就能认出来。”

张师傅鼻子一酸，差点儿掉下泪来。

“你送给我的这块奖牌，我一直戴在身边。我不知道，如果没有它，我会不会走到今天。还有，您退还我的车费，我一直都存着。有了这些钱，我觉得自己什么困难都能克服。虽然失去了父亲，但我依旧有一份父爱。”说着，女孩从口袋里拿出一枚奖牌。那是一块边缘已经发黑的金牌，奖牌的背面，有一行小字：预祝你的人生也像这块金牌。

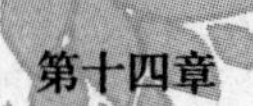

这块金牌，就是十年前张师傅送给女孩的礼物。

女孩开车走了，张师傅此时知道那个跛脚女孩叫慧中。

在回家的路上，他习惯地从口袋里掏烟。

突然，他的手触到了一个纸包。拿出来看，里面装着厚厚一沓美金。而包钱的报纸上豁然印着女孩的大幅照片的旁边是醒目的大标题慧中——最年轻的跨国公司副总裁S市的骄傲。张师傅愣住了。美金中间，还夹着一张纸条：师傅，这是善的利息，请您务必收下。本金无价，永远都会存在我心里。谢谢您，师傅！

这是一个真实的故事，读来让人感叹不已，它让我们从故事中重温了什么是尊严、什么是善良、什么是温暖。

现实生活中，出租车司机也许只是一个卑微的小人物。但是故事中的“小人物”却用自己最朴素、本真的善良，为这个可怜的女孩保留了做人的尊严，送去温暖和希望。

第十五章　权衡取舍　获取超然的幸福

有人说："取是一种本事，舍是一门哲学，没有能力的人取不来，没有通悟的人舍不得。"怎样正确对待取舍，值得每个人去细细思量。世间万物皆是矛盾统一的，势必会存在着"鱼和熊掌不可兼得"的现象。有得必有失，有失必有得，人生就是这样一个得与失的过程。把握了舍与得的玄机，便把握了人生的钥匙和成功的机遇。

在取舍中寻求幸福

有一位哲学家说道："有时放弃并不意味着失败，而是对生命的过滤，对心灵的洗礼，对自己的重新认识。"在我们的一生中需要完成的事情很多，但是人的精力毕竟是有限的，当面临一些选择时，要学会放弃，只有有所不为，才能有所为。

一个人拥有雄心壮志必然是好的，但是人的一生是有限的，人的精力也是有限的，因此对于一些自己所做不到的事情就要学会放弃。人生不仅要有所为，也要有所不为。我们只有舍弃了一些东西后，我们的精力才能更集中于所必要的事情上。中国有句古谚："有所为有所不为。"要想使自己在某一方面得到更好的发挥，必须有取舍的智慧。

陈平就是中国古代一位有所为有所不为的丞相。他曾经辅佐刘邦争夺天下，后来又与周勃一起平定了吕氏叛乱，在平定吕氏叛乱后，陈平认为周勃比自己的功劳大，就主动让出了右丞相一职，自己位于周勃之下。

有一次，汉文帝在朝上问周勃："天下每年处死多少犯人？"周勃是一位武夫，对于右丞相一职不太在行，而且事先也不知道皇上要问这些情况，也就没有去掌握实情。最后只好惭愧的说道："不知道。"接着汉文帝又问道："天下每年的钱粮收入是多少呢？"对此周勃更是不知道，更加惭愧的为自己的失职谢罪。

然后汉文帝就问旁边的陈平同样的问题，陈平答道："臣也不知道，对于这些事情，皇上应该去问主管这些事务的人。天下每天处决多少犯人的事应该责问廷尉，而天下钱粮的问题则应该问管理钱粮的人员。”汉文帝听后，有些不高兴地说道：“既然各项事务都有主事的官员，那还要丞相做什么呢？”陈平坦然地回答道：“皇上，丞相的职务在于对上辅佐天子，对下主管各级官员，对外安抚天下夷狄和诸侯，对内使百姓安居乐业。”汉文帝听后，觉得很有道理。后来周勃托病辞去丞相职位后，陈平成了唯一的丞相，他成为历史上的一位贤相。

正所谓：“闻道有先后，术业有专攻。”一个人的精力是有限的，一个聪明的人不会事必躬亲，那样只会让自己身心力竭。而且如果样样都要知晓,那么哪里还有时间去思考国家的大政方针。陈平的这种“有所为有所不为”的思想，对于我们具有深刻的启发意义。

人的一生是短暂的，我们要懂得更好地享受这短暂的人生，就要学会舍弃。并不是什么都经历的人生才是完美的，懂得取舍的人生才是完美的。

有两个好朋友一起去逛动物园，动物园非常的大，而他们只有一天的时间，因此不可能参观到动物园中的每一个地方。为此，他们每到一个路口都面临着一次选择。而且选择了其中的一条路就意味着放弃了另一条路。当到第一个路口时，一条路通向老虎山，而另一条路通向猴子园，他们当机立断，选择了去老虎山，因为老虎乃“山中霸王”嘛。到第二个路口时，他们选择了去熊猫馆，而放弃了孔雀馆，理由是熊猫是国宝必须去看。

就这样，他们一路走，一路选择。而且每次选择一个，就会放弃了另一个。当然这种选择也是有原因的，正所谓有所为有所不为。而且他们的选择必须果断，如果不能做出快速地选择，他们将会失去更多的时间，也将会失去更加参观的机会。因此只有快速果断地进行选择，才能更好地减少心中的遗憾，也才能得到更大的收获。

在我们的一生中，我们时时刻刻都在面临着选择，上学的时候我们会费尽心思的选择专业选择学校，工作的时候我们又会在不同的工作之间进行选择，结婚的时候我们同样会以更挑剔的眼光来选择一生的伴侣。而在这些选择中懂得如何取舍才是人生的大智慧。

当我们握紧双手的时候，我们手中什么都没有。而当我们张开双手的时候，我们就拥有了心中想得到的。很多时候都需要我们舍弃，只有懂得舍弃的人，才会有所收获。鱼与熊掌不可兼得，当我们舍弃了一件东西的时候，我们将会得到另一样更有价值的东西。懂得舍弃是人生的一种智慧，舍弃是一种更深层的进取。舍弃了糟粕，我们才能够取得精华。懂得舍弃,才能够让人生路更轻松。懂得了舍弃的智慧，我们的内心才能豁然开朗。

伟大诗人泰戈尔说道："当鸟翼系上黄金时，就飞不远了。"当功名利禄成为了我们人生的沉重负担时，我们就应该学会放弃。如果背负太重了，我们则会无法前行。懂得更好的取舍，我们的人生才会更加的充实、轻松、坦然，我们的内心也将会更加的成熟。

有时的放弃是为了更好地获得，当我们放弃了手中的玫瑰，我们才能够去摘取娇艳的牡丹；当我们倒掉了杯中的剩水时，我们才能够盛入更多的新水；当我们舍弃了心中的烦恼时，我们才能为快乐腾出心灵的空间。只有在不断的取舍中，我们才能顺利的走向成功的彼岸。

孙子曰："将欲取之，必先予之。"舍得是一种人生的境界，我们只有舍去了"有所不为"，才能够取得"有所为"。现代社会竞争激烈，我们只有舍弃糟粕，才能取得精华，更好的显示出自己的杰出，正所谓在短暂人生中要有所为有所不为。

有所失才能有所得

很多时候，放弃也是一种智慧，是一种获得，放弃更是深层面的进取。不管是在做事，还是在做人上，很多人之所以举步维艰，就是因为背负了太多的东西，舍不得丢弃。就像诗人泰戈尔说的那样："当鸟翼系上黄金时"，就飞不远了。人生只有在必要的时候学会放弃，才能卸下种种包袱，轻装面对，迎接生活的转机。懂得适时放弃，才能真正充实、坦然和轻松。

很多人都会遇到左右为难的情况，比如两份同具诱惑力的工作，得到了其中一个，必然会失去另一个。但是，如果左右为难，难以取舍，必然患得患失，到头来可能会竹篮打水一场空，一无所得。

近塞上之人有善术者，马无故亡而入胡。人皆吊之，其父曰："此何遽不为福乎？"居数月，其马将胡骏马而归。人皆贺之，其父曰："此何遽不能为祸乎？"家富良马，其子好骑，堕而折其髀。人皆吊之，其父曰："此何遽不为福乎？"居一年，胡人大入塞，丁壮者引弦而战。近塞之人，死者十九。此独以跛之故，父子相保。

塞翁失马的故事我们都知道，这个故事说的就是得失之间的道理。在生活中，我们在争取获得很多东西的同时，也在失去一些重要的东西。没人可以只得到而没有舍弃，就像没有播种却收获到丰富的果实，那不是真实的人生，人生的意义也就在于取舍之间。这样人生才会更完美更值得珍惜。

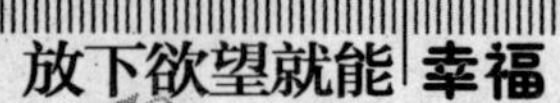

美国著名作家杰克曾经写过这样一个故事：两个在荆棘丛生的沼泽地里跋涉逃命的猎人，他们背负了沉重的黄金和猎枪，但是，但枪里却没有子弹。两个人艰难地度过了一条河，过河之后，两个人分开了。其中，一个人叫比尔，舍不得丢弃自己的黄金和猎枪，结果成了狼的美餐；而另一个人，果断地丢弃了黄金和猎枪，与追上来的病狼斗智斗勇。最后，竟然奇迹般地战胜了狼，活了下来。

故事中，第二个人，舍弃了诱人的黄金和心爱的猎枪，却保全了自己的生命。这就是舍得之间的道理，只有敢于舍弃，才能获得。一味地抱残守缺，必然会什么也得不到。

真正的智者能够做到“舍”，有“舍”才能更好地“得”。只有懂得放弃的人，才会拥有快乐和愉悦的心情；而不懂得放弃的人，只能在烦恼和痛苦中苦苦寻索。放弃的当下也许是痛苦的，但是，正确的放弃会让得到之后的你感到放弃的可贵。

有这样一句经典的话：当你紧握双手，里面什么也没有；当你打开双手，世界就在你手中。面对抉择的时候，懂得舍弃，这比获得更具有价值和意义。鱼和熊掌很少能够兼得，每一次放弃都是为了下一次得到更多的回报。

放弃对一个人来说是痛苦的，但是，只有放弃，才能够更多地获得。生活大抵如此，人生也是这样，放弃不代表失去，放弃的目的是为了更好地获得。懂得放弃，勇于取舍，是做人的一种很高的境界。不是每个人都能够做到轻易放弃的，而放弃只是为了更好地获得。

人生是不断得失的过程

舍得是一种人生境界，舍得是一种人生态度，舍得是每个人都会遇到的人生选择。舍得出自佛语，意思就是有舍有得。人生，需要懂得取舍的艺术。舍得舍得，以“舍”为“得”，先舍而后得。就像在田地里播种，这就是一种舍，没有这样的舍，我们又如何期待收获季节的得呢?

舍，就像播种一样，春天播下什么，秋天就会收获相应的果实。播种爱心，收获尊重；播种健康，收获幸福；播种希望，收获成功。那么，你播下种子了吗?

在一辆飞行的列车上，一位老人一不小心自己刚买的鞋子掉出了窗外，当周围的旅客们还在为老者感到惋惜的时候，老者却毫不犹豫地将自己的另一只鞋子扔出了窗外。周围的旅客诧异地看着老者，老者从容一笑，解释说：“不管我买的鞋子多么新，多么珍贵，对我来说已经没有任何价值了，如果我把剩下的那只扔出去，就有可能让拾到鞋子的人捡到一双新鞋，这样或许他还能穿。”

老人丢了一只鞋后，竟然毫不犹豫地将另一只也扔出去，如果第一只鞋是因为意外，那么第二只鞋就是刻意为之，老者舍弃了一只没有用的鞋，或许能让另一人捡去，这样这双鞋依然在产生价值，为人们所用。老人的成熟与理智，老人的从容达观的人生态度，会给别人带来快乐,同时也使自己心情舒畅。老人这种舍得的境界令人感到敬佩，也值得人们深思。

舍得，先舍后得。有一个人买船过江，船上满载了他辛苦大半辈子得来的财富，但是，船到江心，遭遇意外，要沉了，怎么办？两种选择，一为和自己的财富一起沉入江底，二为把金银财宝抛到江里，自己活下来！这就是舍得，只有舍弃一些东西，才能得到相应的补偿。

很多时候，我们总是在抓着自己的东西不放，这样必然就会成为我们接受他人东西的障碍。不放弃未必是一件好事，很多时候，舍弃就是一种获得，舍弃是为了更多的得到。有所失才会有所得，说的就是这个道理。

只有做到有舍才能有得。舍迷入悟、舍小获大、舍妄归真、舍虚由实，这些都是人生取舍的艺术。

总之，以舍为得，妙用无穷。吾人要能学习“舍”的性格，金钱物质、知识技能，能将其舍给别人，你必然会得到金钱物质、知识技能。舍给别人好的，会得到好的；舍去性格上坏的，也会得到好的。当我们把烦恼、悲伤、妄想都舍了，自然就会得到人生另外的一番新境界。

超然一些，看淡得失

“其未得之也，患得之；既得之，患失之。”这是出自《论语·阳货》中的一句话。其含义是：当人们没有得到的时候，拼命地想去追求：等得到了，又时时刻刻担心害怕失去。人生处世的一大禁忌，便是患得患失。自古以来，在芸芸众生中，既有超然物外者，也有患得患失者。前者是一种健康而积极的人生态度，奉行这种人生态度的人，往往容易体会到心灵的自由和满足，能够过着悠然洒脱的生活，充分享受人生的尊严和快乐。后者则是一种病态消极的处世心理，这种人往往终日在得与失的罗网里钻来钻去，无法得到内心真正的超脱自在，更无法体悟到人生真正的快乐滋味。这就是人们常说的“患得患失常戚戚，超然物外天地宽”

却说《资治通鉴》中“崔光取绢”一文，故事的内容是这样的：

北魏建国初期十分强盛，东夷、西域各国每年都向其进贡。又特意设立了交易市场，获取了不少南方的货物。到了梁武帝天监年间，国库全都充满了。胡太后有一次临幸储藏绢帛的仓库，当场让一百多位同去的王公、妃嫔、公主凭喜好任意拿绢回去。大家都尽其所能地搬取，最少的也拿了100匹以上。尚书陈留公李崇与章武王元融两人更是因为贪心，扛的绢太重而跌倒在地上，李崇扭伤了腰，元融扭伤了脚。胡太后看了很生气，让人把他们取的绢夺了，两手空空地出来，这件事在当时成为那些达官贵人茶余饭后的笑料。而侍中崔光只拿了两匹绢，胡太后奇怪他为何拿得这么少，他回答道："臣子我只有两只手，只能拿两匹绢。"众人听了，都感到很惭愧。

在当时，李崇、元融官至尚书令、章武王，什么样的场合没见过？什么样的好处没捞过？结果却为了几匹绢帛扭伤了腰和脚，不但颜面尽失，而且在太后面前摔了跟头，落得个竹篮打水，一场空，实在不值。他们之所以落到这步田地，完全是由于患得患失所致。如果他们不患得患失，怎么会做出如此愚蠢的举动？怎么会惹得太后恼怒，闹出了一场笑话？又怎么会被后人耻笑？综观人间世事，有得必有失，有失必有得，这是常理，可有些人总想不通这层理儿，只要涉及个人利害得失之事，总少不了要去争，要去斗，要从争斗中得到更多。殊不知这种做法，总会给人带来莫名其妙的烦恼，难以言状的痛苦，排解不掉的忧愁。名利尽管得到，可是人的尊严丧失了，人的洁净丧失了，人的品味丧失了……这样，看来是有所"得"，但失去的是否比得到的更多？而且这种"得"究竟有什么意义？

人生在世有所得，必有所失，两者总是很难兼顾的。因此，在生活中，对于所拥有的要珍惜，要知足；对于失去的东西，不要耿耿于怀，老是放不下；对于那些不该得到的东西，切勿不择手段，一味奢求，这是精明、智慧和机智的生活态度。当然，在得失问题上，还要弄懂弄通两者往往是相辅相成的。这正是祸福相依相成的道理。所以对得失，尤其对功名利禄方面的得失，应该淡泊一些，豁达一些，千万不可太介意、太看重。

西方哲学家、美学家尼采曾指出："不患得患失是活得久、过得好的艺术。"在患得患失中度过一生的人，他的生活无时无处不充满忧虑，生命也因此衰老得更快；而在不患得患失中的人，他的生活时时刻刻充满乐趣，因而他的生命也获得久长。精神的力量传递给肉体、感染着肉体，美好的情绪既能使人快乐，也能使生命延伸。所以，就让活得长久，过得快乐的艺术成为每一个人的座右铭吧，它可以使人生充满快乐。

打开心结，才能收获幸福

生活中难免会出现一些磕磕碰碰，这时要学会营造自我，调节自我的情绪，只有把心中的这个结解开，才能化解矛盾。

有一个人去看望他的一位朋友。他原本跟这位朋友有过很深的矛盾，因为他刚到一家公司做事时，在一次小小的失误中，被这位担任领导的朋友扣除了20%的工资，还成了“典型人物”，所以他非常气愤，这件事便成了他的一个心结。在以后的工作中，不管他的朋友怎样努力地想解除从前的误会，他都固执地不理睬。但渐渐地，他开始发觉，朋友会在同事生日会上小心翼翼地留一块蛋糕给加班加点的他；在端午节，会为他煞费苦心地包两个粽子；在炎炎夏日，会恰到好处地在他凌乱的办公桌上放几颗鲜嫩的荔枝；为他熬夜悄悄地修改不甚完善的文案。终于，在经过深思熟虑之后，他决定解开心结，于是在一个节假日的午后，他诚恳地跟这位上司说了三个月来的第一句话：谢谢！他看见对方那惊喜的表情和孩子气十足地叫了一声“万岁”！他笑了，就这样，心结解开了，从此，公司里就多了一对共同奋斗的好兄弟，他从此有了一位挚友。

心结，在细心与努力中，终究会有解开的一天！而解开的那一天，也就是心情轻松愉快的开始。

解开一个心结，人生就走进了另一种世界，时间可以改变一些东西，时间可以让我们忘掉一时的不快和持续的不满，时间会给我们机会去解开一些心结。

其实，生命固然需要执著，但执著过了头就是固执。一个固执的人终究会因为太多的固执而失去太多。固执的人坚持为没有结局、没有收获的故事去努力、去付出，只会让自己的生命多一分遗憾，多一分失落。

解开心结，走出自己封闭的世界，你会感觉自己走进了一片自由的天空。

大千世界，难免会有被人误会的时候，这就要看你能不能解开心中的“结”。很多时候，人心中的结并非解不开，而是不愿意解开而已，到最后，吃亏的还是你自己。

《菜根谭》中讲：“路径窄处留一步，与人行；滋味浓时减三分，让人嗜。此是涉世一极乐法。”可谓深得处世的奥妙。

有这样一个女人，总在喋喋不休地向人们说邻居家污秽不堪。有一回她故意地将一位朋友领到家里，指着窗外说：“您看那家绳上晾的衣服多脏！”可那位朋友却悄悄地对她说：“如果你看仔细点儿，我想你能弄明白，脏的不是人家的衣服，而是你自家的窗子。”

是啊，我们在同一片蓝天下生活，为什么不学着去宽厚待人，而是去轻易地指责呢？即使脏的真是邻居家的衣服，我们为什么不能表示理解和容忍呢？要知道，这样做我们不会吃任何亏。

努力去爱你不喜欢的人也是解开心结的一种方法。

小杨大学毕业后就进入某合资公司外贸部就职，可不幸的是，碰上了一个爱拍马屁、什么本事都没有的主管。这个人每天下班后没有什么事儿也要拼命“加班”，无事生非，把白天理好的文件弄得一团糟，转眼出了错，又把责任全部推给小杨。

这个小杨不是一个会“争”的女孩子，只好忍气吞声，结果等了三个月，还是等不来一句公道话。一气之下，小杨就去了另一家外资公司。在那里，她出色的工作博得了许多同事的称赞，但无论如何也没法使苛刻、暴躁的经理满意。

小杨感到心灰意冷，于是又萌发了想要跳槽的念头，冲动之下向总裁递交了辞呈。总裁先生没有竭力挽留小杨，只是告诉她自己处世多年得出的一条经验：如果你讨厌一个人，那么你就要试着去爱他。总裁说，他就曾鸡蛋里挑骨头一般在一位上司身上找优点，结果，他发现了上司的两大优点，而上司也渐渐喜欢上了他。

虽然小杨还是十分讨厌她的经理，但是却悄悄地收回了辞呈。她说："现在想开了，作为一个成熟的人应该放开心胸去包容一切、爱一切。换一种思维看人生，你会发现，乐趣比烦恼多。"其实，许多事情只要卸下思想上的包袱，想通了，就不是什么烦心的事了，只有会解思想上的"结"，人生路上才能走得更轻松，才能得到更多的幸福和快乐。

第十六章 卸下欲望的枷锁 感悟幸福的真谛

理想是天，现实是地，理想总是美好的，而现实却往往很残酷。追求理想，实现理想的路上，有各种各样的欲望陷阱。如果不是被欲望所吞噬，而是在欲望中不断反省、不断自醒，就能在欲望的沟壑里，找到幸福的真谛：只有让欲望变得单纯，才能既享受财富又不落入欲望的陷阱，只有淡泊名利、清净无为，才能挣脱欲望的枷锁，放飞心灵的自由。

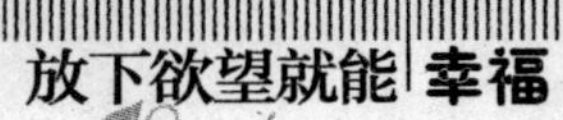

幸福，源于你的感觉

歌德曾经说过，人之所以幸福，是因为他的心灵感到幸福。幸福是一种绝对的自我感觉，一种源自内心深处的平和与协调，一个人幸福与否，过得好与不好最终都得回归自我，都得听从心灵的声音。

传说某一天，上帝以及天使们在天堂里召开了一个头脑风暴会议。上帝说："我要人类在付出一番努力之后才能找到幸福快乐，我们把人类幸福快乐的秘密藏在什么地方比较好呢？"

其中的一个天使说："我觉得应该把它藏在高山上，这样一来，人类肯定就不会发现了，一定要让他们付出很大的努力。"

上帝听了后摇摇头。

又有一位天使说："那就把它藏在大海深处吧，人们一定发现不了。"

上帝听了还是摇摇头。

这时，又有一位天使发言了："依我看呀，还是把幸福快乐的秘密藏在人类的心中比较好，因为人们总是向外去寻找自己的幸福快乐，而从来没有人会想到在自己身上挖掘这幸福快乐的秘密。"

上帝对这个答案非常满意。

从此，幸福快乐的秘密就藏在了每个人的心中。

幸福快乐的秘密就在我们每个人的心中，我们都具备使自己幸福快乐的资源，只是许多人没有把这些"幸福快乐的资源"运用好而已。

幸福是一种感觉，它就在我们的周围，在点点滴滴的生活中，所以，幸福就是：发现你遇到的麻烦事，全都在保险之列；发现你买的东西的价值比你所付的钱要大；你以为丢了东西，准备去买件新的，这时却突然找到了；钥匙被锁在家里，你发现你忘了关一扇窗户……

我们的心灵就像一座花园。每个人都知道，如果你栽种的是菜豆，那么你收获的就绝不会是马铃薯。你种下一颗菜豆，也肯定不会只收获一颗菜豆。在播种与收获之间，菜豆的数目会增加很多，这就是我们心灵的工作方法。无论什么事情出现在你的心中，都会产生很多结果。我们播种一种思想，无论是消极的还是积极的，你都会收获许多倍的思想。因为在播种与收成之间，由于介入了我们的理想而使结果增加了数倍。

一个人的处境是苦还是乐，常是主观的感受。同样半杯水，消极者说："我只剩下了半杯水。"积极者说："我还有半杯水！"同样拥有，却有两种截然不同的人生态度与价值判断，其实这就是两种截然不同的自我心理暗示。

快乐，是我们生活的源泉，只要有了生活，快乐就不会枯竭。其实，在我们的生活中并不缺少快乐，缺少的是发现快乐的眼睛和感悟快乐的心灵。

当你把自己的轻松快乐存入银行时，你就会觉得，其实在这个地球上还是有许多快乐幸福的事情。

一位北京的朋友，讲了一件令他感动的事。他说：

"我家保姆是一位来自陕西大山里的农村姑娘，刚满20岁，不识字。曾听她说，她们家识字的只有她妹妹，妹妹现在家乡读高中，成绩不错。一天，她妹妹给她来了封信，她让我念给她听。我拆开信后，几行清秀的字迹跳入了眼帘，读着读着，我被信的内容深深感动了。信里说，因为家里实在太穷，她已经退学了，现在正在家里帮助父母忙农活。妹妹劝姐姐一定要珍惜北京的工作，不要去羡慕别人的生活，要自强自立，好好做人，其中有一句话是：幸福就是自身的感受。

“读完这封信后，我的眼睛湿润了。一位不到20岁的农村姑娘，对人生竟有如此深的感悟，这能不令人感动吗！”

“幸福就是自身的感受”这句话说得多么好呀！现在，许许多多的人腰缠万贯，但他们真的幸福吗？不一定！幸福从来就不是用金钱能衡量的。

你的爱好就是你的方向，你的兴趣就是你的资本，你的性情就是你的命运。各人有各人理想的乐园，有自己所乐于安享的世界。

《伊索寓言》中有一个关于乡下老鼠和城市老鼠的故事。

城市老鼠和乡下老鼠是好朋友。有一天，乡下老鼠写了一封信给城市老鼠，信上这么写着：“城市老鼠兄，有空请到我家来玩儿。在这里，可享受乡间的美景和新鲜的空气，过着悠闲的生活。不知意下如何？”

城市老鼠接到信后，高兴得不得了。立刻动身前往乡下。到那里后，乡下老鼠拿出很多大麦和小麦，放在城市老鼠面前。城市老鼠不以为然地说：“你怎么能够老是过这种清贫的生活呢？住在这里，除了不缺食物，什么也没有，多么乏味呀！还是到我家玩吧，我会好好招待你的。”

于是乡下老鼠就跟着城市老鼠进了城。

乡下老鼠看到那么豪华、干净的房子，非常羡慕。想到自己在乡下从早到晚，都在农田上奔跑，以大麦和小麦为食物，冬天还停在那寒冷的雪地上搜集粮食，夏天更是累得满身大汗，和城市老鼠比起来，自己实在太不幸了。

聊了一会儿，他们就爬到餐桌上开始享受美味的食物。突然，“砰”的一声，门开了，有人走了进来。他们吓了一跳，飞也似的躲进墙角的洞里。

乡下老鼠吓得忘了饥饿。他想了一会儿，便戴起帽子，对城市老鼠说："乡下平静的生活，还是比较适合我。这里虽然有豪华的房子和美味的食物，但每天都紧张兮兮的，倒不如回乡下吃麦子来得快活。"

说罢，乡下老鼠就离开城市回乡下去了。

幸福是一种感觉。一个人的处境是苦是乐全凭自己判断，这和客观环境并不一定有直接关系，正如一个不爱珠宝的女人，即使置身在极其重视虚荣的环境，也不会伤害她的自尊。

人的一生真的很短暂，有如烟花般的短暂炫目，一闪而逝。快乐也是一辈子，痛苦也是一辈子，那么我们为什么不让自己活得更快乐更幸福一点呢？幸福如同魔杖，握在我们自己的手中。只要我们能够感悟一下心灵，谛听一下心灵，我们就可以找到幸福，书写出美丽的人生。

古人李渔说得好："乐不在外而在心。心以为乐，则是境皆乐；心以为苦，则无境不苦。"如果你有一个好心态，即使是日常小事，你也会从中获得莫大的幸福。幸福就是自身的感受，它就藏在自己的心灵中。

活出真我，幸福自然生

名誉和地位可以说是欲望的代名词。而在现实生活中，名誉和地位常常被作为衡量一个人成功与否的标准，所以，追求一定的名声、地位和荣誉，已成为一种极为普遍的现象。而对很多人来说，满足自己的欲望，拥有了名誉和权力，才等于实现了自身的价值。其实，这是一种被欲望扭曲的人生观。人生的幸福和价值，不在于成名、成家与否，而在于面对现实，去努力而为之，去尽情享受生命，去细心体验生活的美好。只有这样，才是真正地享受了人生，体味到人生的幸福。

欲望是人的本能，对个人来说，每个人都有自己的活法，各有各的追求，对社会而言，各有各的贡献。一个真正幸福的人不一定是最有钱、最有权的，但一定是最聪明的，他的聪明就在于他懂得人生的真谛：花开不是为了花落，而是为了灿烂。但是，让人感到遗憾的是，在现代社会生活中，依然有许多人不但对功名利禄趋之若鹜，甚至把它看成是一个人全部的生存价值，从而忽视了人生的最终追求——幸福。好像是否成就了轰轰烈烈的功名，是否成为名利双收的“家”，就是人们衡量生存价值的唯一标准，这不啻是人类文明的堕落和浅薄。

我们每一个生活在当今社会的人，在人生的追求中，对名誉和权力的追求应该注意节制。不然，把名誉和权力看得过重，不惜一切代价地想把它们追求到手，岂不是将人生过得过于功利和枯燥了？自己那美好的人生岂不是要大打折扣了？

不可否认，进入了权力中心的人，自有许多政治的、物质的、名誉的利益。正因为有利益，有诱惑，才会有那么多人奋不顾身地去追求。为官当政，有权有势，众人之上，因此，在我们现实生活中，想方设法做官的人，可以说是摩肩接踵。尽管当上官很得意、很快乐，可是权力也伴随着许多的烦恼和风险，有权在手所受约束也大。对待上下左右都要小心谨慎，而且由于权力、地位与名利连在一起，所以自古以来就有争夺权力、地位的斗争，这种斗争往往环环相扣，一旦陷入其中，便会越滑越快，越陷越深，乃至不能自拔。从古至今，围绕着权势曾在历史上和现实中演出过多少令人扼腕的悲剧。还有那些当不上官的人，他们不但自己饱尝无奈、愁闷、痛楚，还给家庭罩上了挥之不去的阴影。所以说人生诸多烦恼，多由贪婪权势引起；人间诸多祸患，也多由贪婪权势招致。因此追求名誉和权力的时候，更应该铭记的是“君子爱财、爱名、爱权”都得取之有道。

对每个人来说，我们都希望活得更好，人们总是在各种可能的条件下，选择那种能为自己带来较多幸福或满足的活法。所以，除了追名求利外，人生还有另一种活法，那就是甘愿做个淡泊名利之人，粗茶淡饭，布衣短褐，这样，就能品出生命的美好，享受到生活的快感，品味人生的幸福。

有的人既不求升官，也不求发财，每天上班安分守己做好本职工作，

下班按时回家，每个月领着不多不少还算说得过去的一份工资，晚上陪爱人在家里看看电视，周末带孩子逛逛公园，年轻的时候打打篮球，年纪大点练练太极拳，不生气，不上火，知足常乐，长命百岁。这样的人生可能看起来有些“平庸”，但其中的那份“闲适”给人带来的满足，也是那些整日奔波劳累、费心劳神追求功名利禄之人所体会不到的。所以国王会羡慕在路边晒太阳的农夫，因为农夫有着国王永远不会有的安全感。

总之，人生在世，功名利禄只是一些身外之物，只要我们努力地前行，真实地面对我们所拥有或将要拥有的一切，我们才会发现，能满足一个人的可以很多，也可以很少。人生天地之间，转瞬来去，就像是偶然登台、仓促下台的匆匆过客。人生何其短暂，我们不能为了权势、名利等身外之物，而忽视人生的幸福。名誉与权势，皆为身外之物，也是水流花谢之物，一味地去追求它们，只能让我们离幸福越来越远。想要获得幸福，你不妨尝试活出真实的自我，相信，很快你就会体味到幸福的感觉。

平平淡淡才是真

有人说在人的一生当中有 5% 是富有激情的，有 5% 是痛苦的，剩下的 90% 则是平淡。我们总是为了这 5% 的激情，忍受着这 5% 的痛苦，在 90% 的平淡中度过一生。欲望是无尽的，而对我们有限的一生来说，我们能够实现的欲望，的确太少了。而对大多数人来说，更多的时候生活都是处于一种平淡的状态，而正是这样平平淡淡的生活中，却蕴含了我们苦苦追求的幸福。

但是，太多的人总是过多地追求欲望的视线，而忽视了平淡中蕴藏的幸福，我们无言地承受着欲望给我们带来的痛苦，却忘记了上天赐予我们人生的礼物——幸福。对大多数人来说，平平淡淡就是幸福。幸福就在我们身边，何须千山万水地去寻找呢？

一天，国际资本大鳄巴菲特先生接受某杂志的采访，他穿着卡其布的裤子、夹克，系着一条领带。“我专门为此打扮了一番的。”他有点不好意思地说。

他的女儿苏珊这样评价他说：“有一天，我和妈妈去商场，说：‘咱们给他买一套新西服吧……他穿了 30 年的衣服我们都看烦了。’所以，我就给他买了一件驼绒的运动夹克，仅仅是为了让他有两件新衣服。但是，他让我把衣服退掉。他说：‘我有一件驼绒的运动夹克和一件蓝色运动夹克了。’他说话的语气非常严肃，我不得不把衣服退掉。最后，我拿了一套衣服就出去了，他不知道，我甚至连衣服上的价格标签都没有看一眼。我在寻找一些穿着舒适且看起来样式有些保守的衣服。如果衣服的样子不是极端地保守，他是不会穿的。”

苏珊补充说："他不把衣服穿到非常破旧是不肯换的。"

当然，实际上没有人会在意，巴菲特工作的时候，穿的是礼服还是休闲装。

偶尔，巴菲特也会买一套西服，衣服的某个地方介于成衣和专门定制的衣服之间，因为他的衣服需要稍稍地改动一下才会合身。

其实，巴菲特的低预算风格是人尽皆知的。《华盛顿晚报》的凯瑟琳曾这样说起她的商业老师："他这个人非常的节俭。有一次在一家机场，我向他借一角硬币打个电话，他为把25美分的硬币换成零钱走出了好远。'沃伦，'我大声地叫道，'25美分的硬币也行啊！'他有点羞怯地把钱递给了我。

巴菲特总是自己开车，衣服到穿破为止，最喜欢的运动不是高尔夫，而是桥牌；最喜欢吃的食品不是鱼子酱，而是玉米花，最喜欢喝的不是XO之类的名酒，而是百事可乐。

看到这个全世界都知道的富翁过着和平常人一样的生活，我们普通的老百姓又有什么不知足的呢？

人生本就是一个变化无常的过程，执著虽然是一种很好的品德，但是过分执著则绝对是一种人生大不智。也许你是一个大忙人，为了生意上的事东奔西走，苦心经营，风餐露宿，历尽艰辛。纵然你财运亨通，但是你感到精疲力竭。其实人生之乐在于平淡，不在于高官厚禄，不在于香车宝马，不在于娇美妻子，不在于锦衣玉食，而在于平淡中的真实，真实中的平淡。

其实，追鹿的人是看不到山的，捕鱼的人是看不到水的。他们只为了一个目的，而忽视了身旁的美景与灵动。若站在山涧，倾听那潺潺的流水声、鸟语声，怎一个清字了得？闭上眼睛，想象着这么一幅画：瓦蓝的天空，和煦的阳光，连绵的山脉，休憩的马匹，甚至连那流动的河水也停止了。多么平静淡雅的生活，多么向往。每个人心中都应该有那么一个宁谧的地方。每当我们遇到不如意时，抛开那些不如意吧，到那心灵中宁谧的地方走一走，何须行路匆匆呢？

“非宁静无以致远，非淡泊无以明志。”“宠辱不惊，闲看庭前花开花落；去留无意，漫随天外云卷云舒”都是极妙的句子，读来真的可以感受到一种平淡的快乐。或许可以有像陶渊明一样“采菊东篱下，悠然见南山”的闲情逸致，也可以有杜甫的《春夜细雨》的淡淡喜悦，还可以有李白“梦游天姥”的豪情……

其实，幸福很简单，也很平淡，它简单平淡到蕴藏在我们简单平淡的生活里，有时我们甚至感觉不到，但是在内心深处，却有这么一个叫做幸福的种子在生根发芽，只要你能给他以充足的水分和养料，它就会茁壮成长，关键是你一定要保持一颗平淡的心。平平淡淡的幸福，更令人向往！

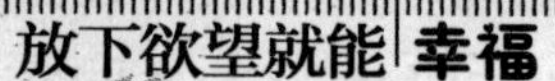

善待今天就是幸福

假如今天你只能取得1%的幸福，你不必奢望明日获得99%的幸福。只有学会善待今天、善待眼前，才会得到更多的幸福。但是，现代，太多的人却是牺牲今天的幸福，去追求未来不可预知的幸福。但是，真正得到的是什么？可以说，太多的人牺牲了99%的幸福，获得了微不足道的1%的幸福。

把握当下，善待今天，很多人都这样说。但是，这样做的人，却永远是少数。你有多久没有陪你的妻儿或者父母散步了？你有多久没有和家人一起吃晚餐了？你有多久没有和曾经的好友联系了？太多的人忙碌于纷扰的名利世界，太多的人在用今天的幸福赌明天的"幸福"，但是，我们明天，获得了自己想要的一切，却发现，青春不再、年华已老，和亲人朋友聚少离多，甚至身边没有一个可以说句心里话的人。这个时候，我们真的幸福吗？

你不应生活在昨天或明天的世界中，而应生活在今天的世界中，你必须知道今世为何世，今天为何日，然后参与现实生活活动与实践。人们的许多精力，常常都耗费在追怀过去与幻想未来中。

一个人生活于现实，应该充分利用现实，不应枉费心神追忆过去，追悔过去所犯的错误，不要瞻前顾后，这样，才会使你的事业走向成功。

假如你身在1月，千万不要因为你的幻想在2月份而失去了可能在1月份得到的良机。不要因为对未来计划的憧憬，而虚度浪费现在。

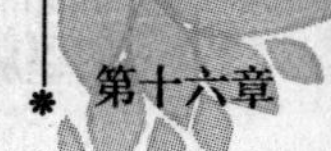

不要因为目光注视着天上星光，而看不见在你周围的美景，甚或践踏了在你脚下的玫瑰。

享有你现在所有的安乐、幸福，不要梦幻着明年不可期的汽车、豪宅。享受你今年所有的衣服，不要妄想明年的不可期的锦华狐裘。

只有自己充分享有今天的快乐，你的身上才会爆发出热情，才会努力工作，享受生活。

请你记住，不要过度地把精力集中于明天，不要过度沉迷于将来的梦想。如果你失去了今天，也就丧失了今天所有的欢愉和幸福，也失去了今天可能有的各种机会。

请将你的全部精力倾注在现实。假如今天你只能取得1%的幸福，你不必奢望明日获得99%的幸福。

你必须努力把握好今天，只有把握好今天，才有美好的明天。

你不要让自己过分沉浸于预期或幻想的未来生活中，过分的幻想会使你忽视今天，会使正在进行的今天的生活变得枯燥乏味。预期、幻想虽然可以刺激你向往未来，刺激你更努力做事，但是，过分的幻想，会让你失去今天的乐趣，破坏你享受现在的能力。

幸福，是一种积累，是由无数个今天堆积而成。

有些人只看到明天的价值，而看不见今天的价值。当日有行善事的机会，却视而不见，不肯做些小的慈善事业，因为他们正在梦想着，一朝腾达之后，要捐出一宗大款项。

人们普遍有这种心理，就是想脱离现有的不愉快，抱怨自己的职务低，嫌弃自己的社会地位等等，不在现实中寻找快乐，而是在渺茫的未来中，寻得快乐与幸福的憧憬。其实，这是错误的见解。试问谁可以担保，一旦脱离了现有的位置，你就可以得到幸福;有谁可以担保，今天不笑的人，明天一定会笑。

丹麦哥本哈根大学有一个学生叫乔根，有一年暑假，他去华盛顿观光。乔根到达华盛顿时，在魏拉德旅馆登了记，他在那儿的账早已经有人给预付了。这使他高兴到了极点。可是，当他准备就寝时，他发现钱包不见了。

钱包里装有护照和现款。他跑到楼下的旅馆柜台，向经理说明了情况。“我们会尽一切努力帮助你。”经理说。

第二天早晨钱包仍不知下落。乔根的衣袋里只有不到两元的零钱。现在，他孑然一身、飘零异邦，怎么办呢？打电报给芝加哥的朋友，告诉他们所发生的事吗？到警察总局坐等消息吗？突然间，他说：“不！我不愿做任何无意义的事情！我要参观华盛顿。我可能再不会到这儿来了。我在这个伟大国家的首都里只能呆上宝贵的一天。毕竟，我还有去芝加哥的机票，还有许多时间解决现款和护照问题。如果我现在不去参观华盛顿，我就不会再有这样的机会了。”

“现在应当是很愉快的时候。”

“现在的我和昨天失去钱包前的我应是同一个人，那时我很愉快。”

“我应该愉快地过好今天。”

于是，他步行出发了。他看到了白宫和国会大厦，参观了国家博物馆，他登上了华盛顿纪念碑的顶端。虽然不能到华盛顿郊区以及他计划中的其他地方去，但凡是他到过的地方，

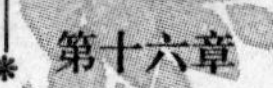

他都看得很仔细，心里很兴奋。

回到丹麦后，他回忆起这段美国的旅程，总是很开心。因为他觉得，他没有因为钱包被偷而沮丧，失去一天的美好时光。事实证明，在他回国的5天后，华盛顿警察局帮他找回钱包，物归原主。

假如你能够像乔根那样，明白只有今天才是真实的，彻悟昨天、今天和明天的关系，你就不会沉浸于痛苦中不能自拔了，你就会把握好今天，把昨天看成是今天的经验、借鉴，明天是今天努力的收获，这样，你的人生就充满着鲜花，你就会愉快地过好每一个今天。

幸福其实很简单，放下不切实际的幻想，把握今天，善待今天，幸福其实就在你我身边，在今天的每一分钟里。

享受活在当下的幸福

人都是在一定的社会条件下生活的。每个人的成长不仅取决于个人的主观努力，还取决于本身的生活环境。历史上有的时代人才辈出，群星灿烂，而有的时代则万马齐喑，其中一个很重要的原因，就是社会环境的不同。社会环境是人们成长必不可少的客观条件，是人们成长、发展的土壤。

虽然，每个人的成长都离不开一定的时代条件，但是，任何人也不能主观地去选择时代，只能在一定的条件下，去认识时代为你提供的条件，进而加以改造和利用。正如恩格斯所指出的那样："我们只能在我们时代的条件下进行认识。"也就是说，每一个人不仅有一个认识环境的任务，还有一个改造环境的任务，要减少压力，离不开这两项任务。

是顺境有利于人的成长发展，还是逆境有利于人的成长发展？有人提出逆境出人才论，并举出屈原、司马迁、孙膑的例子，可谓艰难困苦，玉汝乃成。也有人反驳说：逆境不是窒息了众多的潜在人才的发展吗？于是，又有人提出顺境出人才。

其实，生活的海洋并不平静，人生的道路也不会总是一帆风顺，立志成才者难免会遇到种种挫折、不幸，如政治上的打击，家庭中的不幸，身体上的病残，心灵上的创伤等。这种恶劣的环境是对每个人的一种沉重打击。但身处逆境而能奋发崛起，是成功者之所以成功的原因。

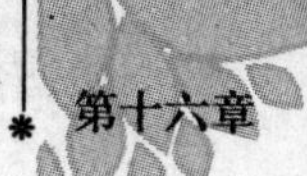

立志成才的人，只有把握住现在，活在当下，脚踏实地地一步步向前，才能最终战胜压力，并到达成功的彼岸。

有一位善于解决人生困境的老师，身边聚集了许多慕名而来的弟子。这些弟子有什么疑问都来问老师，老师总是说："要活在当下呀！"

但是，"活在当下"这一简单的答案，无法满足弟子们的要求，他们总是恳求老师给一个更深奥和更详尽的解答。

这时候，老师就会面有难色地说："好吧！既然如此，等我查一查古代的圣贤是怎么说的，明天再告诉你们，对于这么深奥的问题，他们一定有很好的答案呀！"

原来，老师有一本大书，记载了古代圣贤最重要的智能，锁在书房最高的柜子里，由于这本书是如此珍贵，他严禁任何弟子靠近。

第二天，等老师翻过那本大书，弟子就会得到一个充满智慧的答案。可是，如果有了新的问题，老师又说："要活在当下呀！"

弟子不满意的时候，老师会再一次翻阅大书，说出一个充满智慧的解答。

这样一而再、再而三，一年一年地过去了，日子久了，弟子开始对老师起了质疑："老师只懂得一句活在当下，这是任何人都知道的事呀！不像古圣先贤，真的充满了智慧。"

一个弟子说："老师自己并没有什么智慧，他只知道活在当下！"

另一个弟子说："老师的智慧和我们没有什么差别，差别只是他有一册圣贤的书，如果拥有那本书，我们自己就可以当老师了。"

还有一个弟子说："这个老师真的太差劲了，我们是来自各地的精英，谁不知道活在当下呢？这句话也轮得到他来说吗？我们想学的是历代圣贤的言论和思想呀！"

在背后议论老师久了，许多弟子都生起了这样的想法："等到老师死了，我只要抢到那本圣贤书，就可以做老师的继承人，收很多的弟子，为别人解决生命的困境！”

老师渐渐老了，终于要告别人间了，他并没有指定任何的继承人，也没有把圣贤书交给任何的弟子，他只说了一句遗言：“要活在当下呀！”就咽下了最后一口气。

老师死后，弟子们不但没有哀伤，反而一拥而上，冲进书房，争夺那锁在最高柜子里的圣贤之书，甚至因为抢夺太激烈，把书柜都打碎了。他们把那本大书撕成好多残篇，才发现那本书根本是空白的，一个字也没有。

只有书的封面有老师的笔迹。写了四个大字“活在当下”。

众弟子们寻求一生的答案，便是老师的那句“活在当下”，但当他们领悟的时候，老师却已经死了，这不能不说是一种遗憾。

每一个人都有所追求，都在追求幸福快乐的生活，在这付出、奋斗的过程中就已经是“活在当下”了，只是潜意识中没有更深的体会。让快乐或痛苦匆匆而过，没来得及慢慢品味，就让一天天像山涧水一样流逝，快乐时，如果用物理学的名词来说，就是势能大一些，水流快一点，发出的响声也更清脆轻快，时间过得如此之快；痛苦时，排水的势能小而觉得难过极了，发出的响声也是闷闷之音，每一分钟都是钻心的痛楚。对自己的生活要珍惜，对自己的生命要仰视和敬畏，就像登山人对珠穆朗玛峰的敬畏一样，不要用征服的字眼，要用感恩的心情来攀登。